无公害蔬菜

高效栽培与病虫害绿色防控

徐钦军　刘燕华　赵立杰 ◎ 主编

中国农业科学技术出版社

图书在版编目（CIP）数据

无公害蔬菜高效栽培与病虫害绿色防控／徐钦军，刘燕华，赵立杰主编 . —北京：中国农业科学技术出版社，2019.6

ISBN 978-7-5116-4178-6

Ⅰ.①无… Ⅱ.①徐…②刘…③赵… Ⅲ.①蔬菜园艺-无污染技术②蔬菜-病虫害防治 Ⅳ.①S63 ②S436.3

中国版本图书馆 CIP 数据核字（2019）第 088465 号

责任编辑	崔改泵
责任校对	贾海霞

出 版 者	中国农业科学技术出版社
	北京市中关村南大街 12 号　邮编：100081
电　　话	（010）82109194（编辑室）　（010）82109702（发行部）
	（010）82109709（读者服务部）
传　　真	（010）82106650
网　　址	http：//www.castp.cn
经 销 者	各地新华书店
印 刷 者	北京富泰印刷有限责任公司
开　　本	880mm×1 230mm　1/32
印　　张	5.125
字　　数	138 千字
版　　次	2019 年 6 月第 1 版　2019 年 6 月第 1 次印刷
定　　价	31.80 元

前　言

　　无公害蔬菜应该是集安全、优质、营养为一体的蔬菜的总称，安全——主要指蔬菜不含有对人体有毒、有害的物质，或将其控制在安全标准以下，从而对人体健康不产生危害。无公害绿色蔬菜栽培就是采用综合技术措施，预防为主，创造有利于蔬菜生长而不利于病虫害发生的生态条件，科学地选用高效、低毒、低残留的化学农药，使蔬菜中的农药残留量低于国家的标准。

　　本书围绕无公害蔬菜的栽培，阐述了无公害蔬菜基础知识与生产基地要求、叶菜类无公害蔬菜高效栽培技术、茄果类无公害蔬菜高效栽培技术、瓜类无公害蔬菜高效栽培技术、豆类无公害蔬菜高效栽培技术、葱蒜类无公害蔬菜高效栽培技术、根茎类无公害蔬菜高效栽培技术、食用菌类无公害蔬菜高效栽培技术、无公害蔬菜病虫害诊治及绿色防控技术等内容。

　　限于编者水平，书中难免有不妥与错误之处，敬请广大读者批评指正。

编　者

目　录

第一章 认知无公害蔬菜

第一节 无公害蔬菜基础知识

一、无公害农产品及无公害蔬菜

（一）定义

无公害农产品是指使用安全的投入品，按照规定的技术规范生产，产地环境、产品质量符合国家强制性标准并使用特有标志的安全农产品。

无公害蔬菜是指产地环境、生产过程和产品安全符合无公害食品标准和生产技术规程（规范）的要求，经专门机构认定，许可使用无公害食品标志的未经加工或者初加工的蔬菜产品。

（二）标志及含义

无公害农产品标志图案主要由麦穗、对勾和无公害农产品字样组成，麦穗代表农产品，对勾表示合格，金色寓意成熟和丰收，绿色象征环保和安全（图1-1）。

二、无公害蔬菜标准

无公害蔬菜基地应选3km内水源、土壤、空气中无剧毒农药残留、无工业三废污染的区域。通过检测的土壤农药残留、重金属元素（汞、砷、铅等）、氮氧化物等必须符合国家

图 1-1　无公害农产品标志

标准。选地势高、灌排方便、土壤物理性状好、有机质含量高的地块，统一规划，集中连片，规模生产。农田水利设施要配套，且路通、电通，便于无公害蔬菜的生产和销售。

（一）无公害蔬菜产地环境质量标准

产地环境应符合国家标准《农产品安全质量无公害蔬菜产地环境要求》（GB/T 18407.1—2001）。

1. 产地土壤质量标准（表 1-1）

表 1-1　无公害蔬菜生产基地土壤质量指标（限值）

项目	pH 值		
	<6.5	6.5~7.5	>7.5
镉（mg/kg）	0.30	0.30	0.60
汞（mg/kg）	0.30	0.50	1.0
砷（mg/kg）	40	30	25
铅（mg/kg）	250	300	350
铬（mg/kg）	150	200	250
六六六（mg/kg）		0.50	
滴滴涕（mg/kg）		0.50	

2. 产地灌溉水标准 (表1-2)

表1-2 无公害蔬菜生产基地灌溉水质量指标 (限值)

项目	指标
pH 值	5.5~8.5
氯化物 (mg/L)	250
氰化物 (mg/L)	0.5
氟化物 (mg/L)	3.0
总汞 (mg/L)	0.001
总铅 (mg/L)	0.1
总砷 (mg/L)	0.05
总镉 (mg/L)	0.005
六价铬 (mg/L)	0.1

3. 产地空气质量标准 (表1-3)

表1-3 无公害蔬菜生产基地空气质量指标 (限值)

项目	日平均浓度	任何一次实测浓度	单位
总悬浮颗粒物	0.30		
二氧化硫	0.15	0.50	mg/m^3 (标准状态)
氮氧化物	0.10	0.15	
铅	1.50		$\mu g/m^3$ (标准状态)
氟化物	5.0		$\mu g/(m^2 \cdot d)$

(二) 无公害蔬菜生产技术规程

1. 生产技术规范

(1) 种子与幼苗。

①选育良种。通过选用抗病虫能力强的蔬菜品种,减少农

药使用量；选用抗逆性强、在不良环境条件下容易坐果、坐果率高的品种，减少坐果激素的使用量。

②培育壮苗。用壮苗进行栽培，增强植株抗性。

（2）加强肥水管理，增强植株的生长势，增强抗性。

（3）采用嫁接栽培技术或进行轮作，防治蔬菜土传病害的为害。

（4）控制生态环境。

①创造有利于蔬菜生长发育的环境，保持蔬菜较强的生长势，增强抗性。

②控制环境中的温度、水分、光照等因素，创造不利于病虫害发生和蔓延的条件。

（5）利用有益生物（包括生物制剂）防治病虫害。

（6）合理施肥，重视有机肥，化肥用量要适宜。

（7）用洁净的水灌溉。

（8）合理使用农药、激素等，不使用禁止使用的农药。

2. 施肥技术规范

（1）无公害蔬菜生产允许使用的肥料类型和种类。

①优质有机肥。如充分腐熟的堆肥、沤肥、厩肥、绿肥、沼气肥、作物秸秆、泥肥、饼肥等。

②生物菌肥。如腐殖酸类肥料、根瘤菌肥料、固氮菌肥料、磷细菌肥料、硅酸盐细菌肥料、复合微生物肥料等。

③无机肥料。如硫酸锌、尿素、过磷酸钙、硫酸钾等既不含氯又不含硝态氮的氮、磷、钾化肥及各地生产的蔬菜专用肥。

④微量元素肥料。含铜、铁、锰、锌、硼、钼等微量元素及以有益元素为主的肥料。

⑤其他肥料。如骨粉、氨基酸残渣、糖厂废料等。

（2）实施测土配方平衡施肥。配方施肥是无公害蔬菜生产的基本施肥技术，具体包括肥料的品种和用量，基肥、追肥比例，追肥次数和时间，以及根据肥料特征采用的施肥方式。

（3）深施、早施肥。深施肥可减少养分挥发，铵态氮施于 6cm 以下土层；尿素施于 10cm 以下土层；磷、钾肥及蔬菜专用肥施于 15cm 以下土层。

早施肥可有效降低产品中硝酸盐的积累量，一般结果期严禁叶面喷施氮肥。

3. 农药使用规范

无公害蔬菜生产的农药使用原则如下。

（1）选择限定的农药品种，严禁使用高毒、高残留农药。

（2）防治农作物的病虫草害，应切实执行"预防为主，综合防治"的方针，积极采用改装有效的非化学手段，尽量减少农药的使用次数和用量。

（3）适时防治。根据蔬菜病虫害的发生规律，在关键时期、关键部位打药，减少用药量。

（4）选择合适药剂类型。应选用对栽培环境无污染或污染小的药剂类型，减少污染和维持较好的生态环境。

（5）合理用药。掌握合理的施药技术，避免无效用药或产生抗药性。

（6）蔬菜产品采收前严禁打药。

（7）使用农药后，施药器械不准在天然水域中清洗，防止污染水源。清洗器械的水不能随便泼洒，应选择安全地点妥善处理，已盛装过农药的器具，严禁用于盛放农产品和其他食品。

（8）施过农药的水田，要加强管理，防止农田水流入河流或其他水域污染水源。

4. 产品安全检测标准

无公害蔬菜安全质量标准执行国家标准 GB 18406.1—2001《农产品安全质量无公害蔬菜安全要求》，该标准规定了无公害蔬菜中重金属、硝酸盐、亚硝酸盐和农药残留的限量要求和试验方法。

5. 采后处理规范

（1）包装。使用符合食品卫生标准的包装材料。

（2）标签、标志。标签标识应标明产品名称、产地、采摘日期或包装日期、保存期、生产单位或经销单位。经认可的无公害食品蔬菜应在产品或包装上张贴无公害蔬菜标志。

（3）运输。应采用无污染的交通运输工具，不得与其他有毒、有害物品混装、混运。

（4）贮存。贮存场所应清洁卫生，不得与有毒、有害物品混存、混放。

第二节　无公害蔬菜基地

一、建立无公害蔬菜基地

1. 基地规则

检测蔬菜基地土壤农药残留、重金属元素（汞、砷、铅等）、氮氧化物等指标是否符合国家标准。选择适宜无公害蔬菜生产的地块，统一规划，集中连片，规模生产。配套农田水利设施、道路、电源等。

2. 生产过程技术规范

包括产前、产中、产后生产过程规范。

二、无公害农产品认证暂停，推进合格证制度

2018 年 11 月 20 日，农业农村部农产品质量安全监管司在北京组织召开了无公害农产品认证制度改革座谈会，会上提出暂停无公害农产品认证工作，计划推进农产品合格证制度。

无公害农产品认证工作是停止而不是取消，积极稳妥做好停止无公害农产品认证后的工作，实现无公害农产品认证制度与合格证制度平稳对接。三品一标的证明应该作为天然的合格证的证明，在无公害农产品认证的有效期内要与合格证制度做好衔接。让生产经营者和消费者充分了解合格证制度以及无公害农产品认证制度转型的重要性、必要性，进而推进合格证制度，在社会上形成使用合格证、查看合格证的良好氛围。

第二章　叶菜类无公害蔬菜
高效栽培技术

第一节　花椰菜（菜花）

一、选用优良品种

选用植株生长势强、抗病、抗逆性强、商品性状好、产量高、耐贮藏运输的一代杂交品种，如天王、兴富、花仙子、金星、高富等品种。

二、栽培季节与茬口安排

花椰菜的播种、育苗与栽培季节因地区和品种特性不同而异。花椰菜可选用早、中、晚熟品种，分期播种。华北地区多在春秋两季栽培，春季栽培于2月上旬、中旬在保护设施中育苗，3月中下旬定植，5月中下旬开始收获；秋季栽培于6月下旬至7月上旬露地育苗，8月上旬定植，10月上旬至11月上旬收获。也可露地栽培中晚熟品种，于11月假植于假植沟、阳畦、大棚等设施中，翌年1—2月收获。但在北方地区，则由于生长期较短，春茬栽培需采用中、早熟品种；秋茬栽培可根据当地气候特点，采用早、中、晚熟品种。

三、育苗

花椰菜育苗方法与结球甘蓝大致相同，但技术要求较为精细。春季要在温室、温床、普通阳畦等保护设施内育苗，夏季可在露地育苗，但要在苗床上搭小拱棚，其上覆盖塑料薄膜或遮阳网，降温防雨。苗床土要肥沃，床面宜平整。

播种通常采用撒播法，每 $10m^2$ 左右的苗床需播种子 50g。最好进行分苗，分苗可使幼苗根系发达，抗性增强，定植后成活率高，缓苗快，生长整齐健壮，分苗对早熟品种在高温季节育苗尤为重要。一般于幼苗具有 2~3 片真叶时，按幼苗大小分级分苗，苗间距为 7cm×10cm。边移苗、边浇水、边遮阴，提高成活率。当幼苗达到 5~6 片真叶，早熟品种日历苗龄 25~30d，中晚熟品种日历苗龄 35~40d 时定植。

四、整地施肥

选择疏松肥沃、保肥、保水强的土壤种植并施足基肥。结合翻耕每亩（1 亩 ≈ 667m^2。全书同）施腐熟有机肥 5 000kg、过磷酸钙 20kg、草木灰 75kg。早熟品种基肥以速效性氮肥为主，粪肥或氮素化肥与腐殖质混合。中晚熟品种，宜厩肥配合磷钾肥。花椰菜对硼、铝肥敏感，定植前可每亩施硼砂 15~30g、铝酸铵 15g，用水溶解后拌入其他基肥中施用。

五、定植

花椰菜虽喜湿润环境，但耐涝力较差，所以在多雨地区及地下水位高的地方都应采用深沟高畦栽培，以利排水，这是花椰菜栽培成功的一个关键，其他地区可作平畦栽培。定植时，尽量带土坨，少伤根。若温度过高，最好在傍晚定植，浇足定植水，减少蒸腾量，保证幼苗成活。

花椰菜定植的行株距因品种而异，早熟品种为（60~70）cm×（30~40）cm；中晚熟品种为（70~80）cm×（50~60）cm。

六、肥水管理

肥水管理的关键是使花球在形成前达到一定的同化面积，满足叶簇生长对养分和水分等条件的要求，促进叶簇适时旺盛生长，为获得产量高、品质好的花球打下良好的基础。

花椰菜整个生长期间，对肥水的要求较高。前期追肥以氮肥为主，到花球形成期，须适当增施磷、钾肥。一般花椰菜定植后植株缓苗开始生长时，进行第一次追肥，每亩施硫酸铵 15~20kg，并浇水。第一次追肥后 15~20d，植株进入莲座期，进行第二次追肥，每亩施腐熟的粪干或鸡粪 400~500kg，浇水 1~2 次，促进莲座叶生长。叶丛封垄前，结合中耕适当蹲苗。

在花球直径达 2~3cm 时，应结束蹲苗，进行第三次追肥，最好每亩施氮、磷、钾复合肥 20~25kg，并浇水。此后要保持地面湿润，不能缺水。特别是在叶簇旺盛生长和花球形成时期，需大量水分，但切忌漫灌，防止土壤积水。

第二节　西蓝花（绿菜花）

一、品种选择

西蓝花苗期一般 20~25d。定植至 50% 花球收获的天数：早熟品种 55~70d、中熟品种 70~90d、晚熟品种 90~120d。在福建省都难以满足晚熟品种对低温的要求。因此，品种选择时须根据上市要求、栽培目的综合考虑，根据外销市场的需求，宜选择优质、耐热耐寒及抗病性强的早、中熟品种。目前可供选择的优质品种有优秀、马拉松、博爱、冠军、绿美、炎秀等。

二、分期播种

西蓝花喜温和冷凉气候，不耐高温。种子发芽适宜温度15~30℃；生长发育适宜温度8~24℃；花球形成期适宜温度15~24℃，高于25℃时，大部分品种所形成的花球品质变劣。西蓝花适宜秋冬播种，冬春收获。播种实行分期分批播种：秋季播种在8月底至9月，冬季播种在10—12月。一般每亩用种量15~20g。播前晒种1~2h可提高发芽率，杀死种子表面的病菌。

三、培育壮苗

（1）壮苗标准　苗龄22~30d，苗高15cm左右，真叶4~5片，叶片深绿肥厚，根系发达，须根多，整株无病虫害，无机械损伤等。

（2）工厂化穴盘育苗　营养土采用配方基质：草炭3份+珍珠岩1份+腐熟的木耳菌渣1份，每立方米加复合肥2kg、钙镁磷肥5kg，用500倍液多菌灵配制而成。

（3）苗期管理　根据天气、穴盘水分及幼苗生长情况决定喷水的量和时间：刚出苗时要注意控水，并防止高温伤苗；天气晴、温度高宜早喷、喷足；天气阴、温度低宜迟喷、轻喷或不喷。穴盘边上要多喷水，补足水分。喷水于8：00—10：00进行。幼苗生长期间，要注意除草、施肥。一般施1~2次肥料，可用0.1%~0.2%尿素水溶液和磷酸二氢钾水溶液浇施或喷施。

四、整地和定植

（1）整地　西蓝花是喜肥耐肥的蔬菜，其根系主要分布在耕作层中，所以肥沃、保水保肥性良好、排灌方便的土壤有利于夺高产。西蓝花不宜连作，一般宜选择前作是瓜类、豆类或水稻的田块。定植前应进行清茬除草，深耕晒田（地），以促进土壤风化和消灭病菌虫卵。整地时土壤要先耙碎，后按畦带沟宽 1.2~1.3m 起垄，做成畦面略带龟背形的深沟高畦，以利于排水和沟灌。

（2）施足基肥　结合整地每亩用腐熟优质农家肥 1 500~2 000kg、钙镁磷肥 20~25kg、复合肥 30kg 作基肥。基肥要与土壤充分混匀后再移栽。为防缺硼、缺镁，移栽前每亩用硼砂 2kg、硫酸镁 5kg 施于定植畦中。

（3）种植规格和密度　西蓝花地上部叶丛式开展，株行距较大。但在适宜种植密度范围内改变株行距，可以调节花球个体的大小和主球与侧球的比例。一般双行种植，行距 40~50cm、株距 35~40cm，每亩种植 2 800~3 200 株。要做到带土、带肥、带药移栽。移栽定植宜在 16∶00 时后进行，栽直、栽稳为宜，把苗栽入小坑后培实四周土壤。大小苗要分开种植。移植后须及时浇足定植水。

五、田间管理

西蓝花的花球产量、质量与植株大小、花茎大小密切相关，一定的叶面积是夺取丰产的关键。因此，定植后，要尽快促进植株生长，形成较肥大的叶片、较大的植株，保证花球形成前有足够的营养面积。所以，要重视前期管理，移栽后要促幼苗早成活，早返青；返青后及时追肥、管水，促进植株生长旺盛。

（1）查苗补苗　移栽后 1 周内要及时查苗补苗，以确保全苗。

（2）追肥　西蓝花需肥量大，叶簇生长期以氮肥为主，花球生长期则要施大量的磷钾肥，同时，对硼、镁等微量元素有特殊要求，缺硼常造成花茎中空和开裂。应注意勤施薄肥，一般定植成活并长出 1~2 片新叶时便可追肥，每隔 7~10d 施

1 次，施肥量须随着植株的生长，由少到多逐渐增加，进入花球生长发育期，必须叶面喷施硼砂防止花球中空。苗期每亩用尿素 1.5~3.0kg 和磷酸二氢钾 1.0~2.0kg 对水浇施，后期分别增至 6.0kg 和 4.0kg 对水浇施，花球出现后停止追肥。叶面喷施尿素、磷酸二氢钾、沼液、钼肥、硼肥等补充营养。在主球采收后，可根据侧花球生长情况，追施适量速效性肥料 1 次，促进腋芽花蕾群生长，延长采收期，提高产量。

（3）水管　西蓝花生长期间要保持土壤湿润，尤其是花序分化后的花球生长发育阶段，切勿受旱，水分不足会抑制花球形成与膨大，导致减产。浇水可在追肥时或追肥后进行，并根据土壤干湿情况和植株生长情况灵活掌握。一般采用沟灌方式，灌至半沟时视天气或土壤保水性能让其自然落干或及时撤水。雨后要注意及时排水。

（4）中耕　中耕有疏松土壤，调温、湿的作用，有利于根系生长，并有利于好气性有益微生物的活动，同时，清除杂草。一般定植后 5~6d，有杂草开始萌发时进行第 1 次中耕培土，以后视情况结合追肥再进行 1~2 次培土，植株长大后，叶片覆盖畦面时要停止中耕。

第三节　大白菜

大白菜起源于中国，是我国的特产蔬菜。食用方法多样，可供炒食、煮食、凉拌、做汤、做馅和进行加工腌制等，以大白菜为原料的菜肴有 150 种之多，是我国最重要的蔬菜种类之一。由于大白菜具有产量高，耐贮性强，品质风味优良，所以在秋、冬、春季蔬菜生产及供应中具有重要地位。

一、品种选择

大白菜在我国至少有 600 年的栽培历史，形成了丰富的类型。大白菜喜温暖凉爽的气候，耐寒性、耐热性弱，根据栽培季节，主要分为春季耐抽薹品种、夏季耐热品种和秋季耐贮藏品种。

二、栽培季节

大白菜以秋播为主。为了争取较长的生长期以达到增产的目的，常利用幼苗期具有较强的抗热能力的特点提前播种，但播种过早易染病毒病。推迟播期又会缩短营养生长期以致包心松弛，影响产量和品质，所以，大白菜的适播期较短。各地区都有比较明确的适宜播种期，如山东地区大白菜稳产播种期是8月上中旬，最迟不超过8月5日。具体播种期还要考虑品种、栽培技术和当年的气候因素。一般抗病品种和生长期长的品种都应早播种，早熟品种可晚播。

近几年来，为了丰富市场大白菜的供应，除秋季栽培外，春、夏、早秋大白菜的栽培面积也在不断扩大。春季栽培大白菜一般利用设施育苗，华北地区的播种时间是3月中下旬，苗龄30~35d，于4月中下旬露地定植；夏季大白菜一般在6—7月露地直播，播后60d左右即可收获。

三、茬口安排

各地大白菜生产的茬口都不同。这里仅以华北区为例，分别按下列两种情况，说明其安排的要点。

（1）城市近郊专业化菜地　一般多选用豆类、瓜类、茄果类、大蒜、洋葱等茬地接种大白菜。其中，葱蒜茬口有减轻土传病害的优点；西瓜、黄瓜、甜瓜和茄果类的茬地，由于施用肥料多，有提高地力的好处；早熟栽培的腾茬早，有提前翻耕晒垡等优越性。

（2）粮区季节性菜地　大白菜栽培主要接小麦、油菜、马铃薯等茬地，和专业菜地相比较，有避免与同科蔬菜连作或邻近而减少感染病虫害的好处。在一年三主作的南方区，冬小麦收获后，播种一茬玉米或谷子，待夏作物腾茬后，及时将育好的大白菜秧苗接茬定植，可充分利用土地增产、增效。

四、整地施基肥

大白菜根系主要分布在浅土层中，适当加深耕作层，可以促进根系向深层延伸。前茬作物收获后，应及时深耕土地，耕深为 20~25cm，并施有机肥作基肥，使土层深厚、肥沃而疏松，混入过磷酸钙 25kg，或混入复合肥 15~20kg。因大白菜生长期长、生长量大，需肥多，每亩施腐熟、细碎的有机肥 5 000kg。肥要施匀，力求土壤肥力一致，基肥的 2/3 要结合前期深耕施入，耙地时再把其余的 1/3 耙入浅土层中。

北方栽培多采用做平畦或高垄。平畦宽度一般为 1.0~1.5m，每畦栽培两行。高垄每垄栽培 1 行，垄高 10~18cm，垄距 60~75cm。在雨水多、地下水位高、土质较重、排水不良的地区，起垄宜高些。一些干旱少雨的地区，以平畦栽培为好。不论平畦或高垄，都应做到畦面平整，垄、畦不宜过长。用机井灌溉时水量很大，应在菜地周围留好排水沟。

五、合理密植

大白菜种植密度决定于选用品种特性，也与自然条件和栽培的具体情况有关。一般生长期 60~70d 早熟的小型品种，可密植至 3 000~4 000株/亩；80~90d 的中熟、中型品种为 2 000~2 500株/亩；100d 左右晚熟的大型品种仅 1 500~2 000株/亩。它们的行距幅度差别很大，行距在 50~80cm，株距在 40~70cm。

六、播种、育苗

（1）直播　直播有条播和穴播两种方法，条播是在垄面中间，或在平畦内按 50~70cm 的行距开约 1.0~1.5cm 深的浅沟，沿沟浇水，水渗完后，然后将种子均匀播入沟内，再覆土平沟，每亩用种量 125~200g。穴播时按 45~65cm 间距，开直径 12~15cm、深 1.0~1.5cm 的浅穴，按穴浇水，水渗完后，每穴均匀播入种子 5~6 粒，播后平穴，每亩用种量为100~125g。

苗出齐后及时定苗，一般分三次间苗，直播应抓紧，早间苗，分次间苗。第一次在幼苗"拉十字"时间去除苗过迟生长拥挤的细弱幼苗，苗距 4~5cm；第二次间苗在 2~3 片叶时，苗距为 7~10cm；第三次在幼苗长出 5~6 片叶时进行，苗距10~12cm；待大白菜"团棵"时定苗。无论间苗或定苗都要注意选留生长健壮、无病虫害和具有本品种特征的幼苗，间去杂苗、弱苗和病残苗。间苗或定苗最好在晴天中午进行，因为此时病、弱苗会萎蔫，很易辨别。间苗时发现缺苗应及时补栽。

（2）育苗移栽　育苗移栽便于苗期集中管理，便于控制温度和水分条件，同时也有利于延长前作的生长期。一般苗床宽 1.0~1.5m、长 8~10m，栽植每亩约需苗床 35m²，每 35m²苗床内应施充分腐熟的底肥 200kg、硫酸铵 1.0~1.5kg，并可施入适量过磷酸钙和草木灰。育苗大白菜的播期应比直播提前3~5d。

苗床播种多采用条播的方法，提前浇足底水，保证幼苗顺利出土，待床土干湿适宜时，每隔 10cm 开深 1~2cm 的浅沟，将种子均匀撒入沟内，然后轻轻耙平畦面，覆盖种子。每 35m²的苗床需种子 100~120g。播种面积大时，也可以用撒播法，在播后可进行地面覆盖，待幼苗出土后及时揭去覆盖物。

注意及时间苗，苗距 8~10cm，并要定期喷药防治病虫害。

七、定植

定植时的适宜形态是苗龄20d左右、5~6片真叶。起苗时要多带土，少伤根，移栽应选晴天下午或阴天进行，以减轻幼苗的萎蔫，栽苗时，先按一定行株距定点挖穴，栽苗深度要适宜。在高垄上应使土坨与垄面相平，在平畦上则要略高过畦面。以免浇水后土壤下沉，淹没菜心而影响生长。定植后要立即浇足水。

第四节　莴　苣

一、品种选择

选择优质、高产、抗逆性能强、适应性广、商品性好的莴苣品种。

二、栽培季节

根据莴苣喜凉爽，不耐高温，不耐霜冻，在长日照下形成花芽的特性，一般以春、秋两季栽培为主。

春莴苣即越冬莴苣，约在9月播种，使幼苗在入冬前停止生长时能达到4~5片真叶，次春返青后，其根系及叶簇充分生长，积累多量的干物质，在营养充足、适宜的情况下茎部即迅速肥大。如秋播过早，幼苗易徒长，花芽分化早，茎细长，产量低。播种过迟，苗小易遭冻害。

一般秋莴苣生育期需要85~90d，所以播种期应在大暑到立秋，直播或育苗移栽，11月上旬以前收获。

三、栽培技术

（一）春莴苣的栽培要点

①播种和育苗。春莴苣要选用耐寒性强的品种。可采用温

室在早春育苗，掌握在土壤化冻时能长成 4~5 片真叶的幼苗，尽早定植于露地。在黄河流域中、下游及其他一些冬季最低温在 0℃以下的地区，莴苣幼苗可在露地或稍加保护越冬，其播种适宜，要保证幼苗在冬前达到 4~5 片真叶的安全越冬苗龄。一般莴苣播种后，在 11~18℃ 的温度下，30~40d 可以长出 4~5 片真叶。

播种后到出苗要保持土壤湿润，齐苗后要控制浇水，幼苗长到 2 片真叶时，按 4~5cm 苗距间苗，使幼苗生长健壮，幼苗长到 4~5 片真叶时，即应定植。

②定植。定植过晚，根扎不好，越冬死苗严重。春栽应尽量能早栽，土壤解冻后，日均温 5~6℃ 时即可定植。

前作物收获后，及时整地作畦。莴苣根系浅，生长期长，如营养生长不良容易发生徒长，定植前应施足有机肥，深耕耙细后作畦。

定植前 1~2d，先在苗床浇水，以便起苗。选择叶片肥厚、平展的壮苗定植。栽植密度因品种而有不同，早熟、株展小的品种，株行距 20~23cm，中晚熟品种一般行距 30~40cm，株距 25~30cm，每亩 6 000 株以上。冬栽时，栽植稍深，栽后压紧，防止死苗。春栽深度宜浅。

③田间管理。定植后，浇 1~2 次水，并结合追施少量氮肥，以促缓苗。以后则加强中耕蹲苗，控制土壤湿度，改善通气条件，使植株迅速扩大根系，增加叶数和扩大叶面积，为莴苣嫩茎膨大积累营养物质。当植株外部叶片充分展开增大，心叶与外叶平头时，即进入笋茎肥大生长阶段，此时宜结束蹲苗，供给充足的水分和养分，直到笋茎长成。

造成莴苣"窜秆"的原因，有以下几个方面：一是育苗管理不当；二是定植后供水过多；三是蹲苗不足；四是后期干旱缺水；五是缺肥。因此，在栽培管理中，要了解莴苣的根系、叶片及嫩茎肥大生长的相互关系，注意培育壮苗，并灵活运用促、控结合的技术措施，以获得早熟、优质、高产。

④收获。当莴苣植株顶端心叶齐平时或显蕾以前为采收适期。此时茎部充分长大，肉质脆嫩，品质好。过早采收影响产量；过迟采收茎部养分消耗多，容易空心，茎皮增厚，品质下降。

（二）秋莴苣的栽培要点

①品种选择。应选用耐高温的尖叶型中、晚熟品种。

②促进发芽。将种子浸种后，置于阴凉环境（如吊入水井中）保持 15~20℃和湿润条件，经 3~4d，有 80%左右的种子发芽即可进行播种。

③播种育苗。秋莴苣应安排在旬均温下降到 21~22℃时进行定植，早播易发生早期抽薹，晚播因生长不足而使产量下降。

播后要注意畦面遮阴，防止阳光暴晒。出苗后逐步撤除遮阴设备。

④加强田间管理。秋莴苣应增加种植密度，选择保水、保肥力强的土壤和阴凉的地块种植，也可间作套种，以利于遮阴。生长期间水肥不足或温度过高都会早期抽薹。勤施氮肥，保持土壤湿润，促进茎叶生长。

第五节　芹　菜

芹菜，别名旱芹、药芹，伞形科二年生蔬菜，原产于地中海沿岸的沼泽地带。芹菜在我国南北方都有广泛栽培，在叶菜类中占重要地位。芹菜含有丰富的矿物盐类、维生素和挥发性的特殊物质，叶和根可提炼香料。

一、形态特征

1. 根

浅根系，主要根群密集于 10~20cm 的土层内，横向伸展直径为 30cm，吸收面积小，不耐旱和涝。

2. 茎

营养生长期为短缩茎，生殖生长期抽生为花茎。

3. 叶

叶片着生于短缩茎的基部，为奇数二回羽状复叶。叶柄长而肥大，为主要食用部分，颜色因品种而异，有浅绿、黄绿、绿色和白色。叶柄上有由维管束构成的纵棱，其间充满着薄壁细胞，在维管束附近的薄壁细胞中分布油腺，分泌具有特殊气味的挥发油。维管束的外层是厚角组织，其发达程度与品种和栽培条件密切相关。若厚角组织过于发达，则纤维增多，品质降低。

4. 花、果实及种子

复伞形花序，花小，白色，异花传粉。双悬果，果实圆球形，棕褐色，含挥发油，外皮革质，种子千粒重约 0.4g。

二、对环境条件的要求

芹菜为半耐寒蔬菜，喜冷凉温和的气候。种子发芽适温为 15~20℃；叶的生长适温为白天 20~25℃，夜间 10~18℃，地温 13~23℃。幼苗可耐-5~-4℃的低温和 30℃的高温，成株可耐-10~-1℃的低温。生殖生长适温为 15~20℃。芹菜属绿体春化型，具有 3~4 片真叶的幼苗，在 2~5℃的低温下经过 10~15d 可完成春化。

芹菜属低温长日照作物，在长日照条件下抽薹、开花、结实。幼苗期光照宜充足，生长后期光照宜柔和，以提高产量和品质。种子发芽需弱光，在黑暗条件下发芽不良。

芹菜对土壤湿度和空气湿度要求均较高。土壤干旱、空气干燥时，叶柄中的机械组织发达，纤维增多，薄壁细胞破裂使叶柄空心，品质下降。

芹菜宜在富含有机质、保水保肥能力强的壤土或黏壤土中栽培，对土壤酸碱度适应范围为 pH 值 6.0~7.6。全生长期以施氮肥为主。幼苗期宜增施磷肥，促发根壮秧并加速第一叶节伸长，为叶柄生长奠定基础；后期宜增施钾肥以使叶柄充实粗壮，并限制叶柄无节制地伸长。缺硼时叶柄会产生褐色裂纹；缺钙时易发生干烧心病。每生产 1 000kg 芹菜需要氮 0.4kg、磷 0.14kg、钾 0.6kg。

三、栽培技术

（一）育苗

（1）播种　宜选用实心品种。定植每亩需 200g 种子、50m^2 左右的育苗床。苗床宜选择地势高燥、排灌便利的地块，做成 1.0~1.5m 宽的低畦。种子用 5mg/L 的赤霉素或 1 000 mg/L 的硫脲浸种 12h 后掺沙撒播。播前把苗床浇透底水，播后覆土厚度不超过 0.5cm，搭花荫或搭遮阴棚降温，亦可与小白菜混播。播后苗前用 25% 除草醚可湿性粉剂 11.25~15kg/hm^2 对水 900~1 500kg 喷洒。

（2）苗期管理　出苗前保持畦面湿润，幼苗顶土时浅浇一次水，齐苗后每隔 2~3d 浇一次小水，宜早晚浇。小苗长有 1~2 片叶时覆一次细土并逐渐撤除遮阴物。幼苗长有 2~3 片叶时间苗，苗距为 2cm 左右，然后浇一次水。幼苗长有 3~4 片叶时结合浇水追施少量尿素（75kg/hm^2），苗高 10cm 时再随水追一次氮肥。苗期要及时除草。当幼苗长有 4~5 片叶、株高为 13~15cm 时定植。

（二）定植

土壤翻耕、耙平后先做成 1m 宽的低畦，再按畦施入充分腐熟的粪肥 45 000~75 000kg/hm^2，并掺入过磷酸钙 450kg/hm^2，深翻 20cm，粪土掺匀后耙平畦面。定植前一天将苗床浇透水,并将大小苗分区定植,随起苗随栽植随浇水,深度以不埋没菜心为度。定植密度:洋芹行株距均为 24~28cm,笨芹均为 10cm。

(三)定植后管理

(1)肥水管理 缓苗期间宜保持地面湿润,缓苗后中耕蹲苗促发新根,7~10d 后浇水追肥(粪稀 15 000kg/hm²),此后保持地面经常湿润。20d 后随水追第二次肥(尿素 450kg/hm²),并随着外界气温的降低适当延长浇水间隔时间,保持地面见干见湿,防止湿度过大感病。

(2)温、湿度调控 芹菜敞棚定植,当外界最低气温降至 10℃以下时应及时上好棚膜。扣棚初期宜保持昼夜大通风;降早霜时夜间要放下底角膜;当温室内最低温度降至 10℃时,夜间关闭放风口。白天当温室内温度升至 25℃时开始放风,午后室温降至 15~18℃时关闭风口。当温室内最低温度降至 7~8℃时,夜间覆盖草苫防寒保温。

第六节 菠 菜

一、栽培季节

春季栽培:冬末春初播种,春季上市的茬口。
夏季栽培:春末播种,夏季上市的茬口。
秋季栽培:夏季播种,秋季上市的茬口。
越冬栽培:秋季播种,冬春上市的茬口。

二、整地施肥

基肥的施入量:磷肥全部,钾肥全部或 2/3 作基肥,氮肥 1/3 作基肥。每亩施有机肥 3 000~5 000kg,应根据生育期长短和土壤肥力状况调整施肥量。基肥以撒施为主,深翻 25~

30cm。越冬菠菜宜选择保水保肥力强的土壤，并施足有机肥，保证菠菜安全越冬。城市垃圾等不可作为有机肥，有机肥宜采用农家肥，应经过无害化处理。

一般北方作平畦，南方采用深沟高畦。

三、播种

（一）品种选择

春季和越冬栽培应选择耐寒性强、冬性强、抗病、优质、丰产的品种；夏季栽培和秋季应选用耐热、抗病、优质、丰产的品种。

（二）种子质量

种子质量应符合 GB 16715.5—1999 的良种指标，即种子纯度≥92%，净度≥97%，发芽率≥70%，水分≤10%。

（三）种子处理

为提高发芽率，播种前一天用凉水浸泡种子12h左右。搓去黏液，捞出沥干，然后直播，或在15~20℃的条件下进行催芽，3~4d大部分露出胚根后即可播种。

（四）播种方法及播种量

菠菜栽培大多采用直播法。播种方法以撒播为主，也有条播和穴播。在冬季不太寒冷，越冬死苗率不高的地区，多用撒播。冬季严寒，越冬死苗率高的地区，多采用条播，以利于覆土。条播行距10~15cm，开沟深度5~6cm。一般每亩春季栽培播种3~4kg，高温期播种及越冬栽培播种4~5kg。多次采收和冬季严寒地区越冬栽培需适当增加播种量，可加大到亩播10~15kg。播前先浇水，播后保持土壤湿润。

（五）播种期

越冬菠菜当秋季月平均气温下降到17~19℃时为播种

适期。

四、田间管理

不需越冬菠菜（春季、夏季、秋季栽培）的田间管理。

（1）春季和夏季栽培　前期温度较低适当控水，后期气温升高加大浇水量，保持土壤湿润。3~4片真叶时，间苗采收一次。结合浇水每亩用尿素 7~10kg 进行追肥。

（2）秋季栽培　气温较高，播种后覆盖稻草或麦秸降温保湿。拱土后及时揭开覆盖物，加强浇水管理。浇水应轻浇、勤浇，保持土壤湿润和降低土壤温度；二片真叶时，适当间苗；4~5片真叶时，追肥 2~4 次，每亩用尿素 10~15kg。

第七节　生　菜

一、育苗

（一）品种的选择

根据市场需求确定优质、丰产、抗逆性强、抗病性好的生菜品种。

（二）种子

（1）种子质量　选择优质、丰产、抗逆性强、抗病性好的生菜品种。

（2）播种量　一般每亩苗床需种量 100g 左右。

（三）苗床准备

（1）苗床选择　苗床必须选择符合无公害蔬菜基地土壤质量要求，前两茬未种植菊科类作物，土壤肥沃，排、灌方便，杂草基数少的土地。

（2）苗床耕作 播前 10d 左右，每亩施商品有机肥 1 000 kg 左右，然后再翻耕，翻耕后进行第一次机械旋耕、平整，之后，每亩施蔬菜专用复合肥 80kg 进行第二次机械旋耕。播前 5d 左右，用开沟机开沟、作畦，畦宽 0.9m，沟宽 30cm，沟深 20～25cm；每 15m 开一条腰沟，四周开围沟，沟深 30cm，沟宽 30cm，要求二次成型；然后人工清理沟系，确保排水通畅。

（四）播种育苗

（1）种子处理 剔除霉籽、瘪籽、虫籽等。夏秋季高温期间育苗，种子放在清水中浸泡 4h，待种子充分吸水后捞起，用清水清洗后，放在 5℃左右温度下催芽 2～3d。

（2）播种期 散叶生菜除 7—8 月高温期间与 12 月、1 月严寒期外，全年均可种植上市。

（3）土壤处理 播前 3～4d，用六齿耙人工精细平整畦面，土壤颗粒直径不超过 0.3cm。播前一天浇足水分。

（4）盖籽泥的准备 播种前 2d 左右，按园土：糠灰为 6：4（体积比）的要求，按每亩 3m³ 用量配制，盖籽土粒直径<0.2cm，每立方米加 0.2kg 多菌灵，拌匀，盖上农膜，备用。

（5）播种方法 均匀撒播后覆上盖籽泥，盖没种子即可，然后用喷壶喷水。夏秋季播后用遮阳网覆盖。

（五）苗期管理

（1）炼苗 播种后 4～6d 出苗，出苗后，夏秋季覆盖遮阳网，待苗生长健壮后（二叶一心），揭去遮阳网。

（2）水分管理 保持适度墒情（土壤含水量 60%左右），不足时应补水，夏季早、晚浇水，力求凉水凉浇。如水分过多时，苗床上可撒适量干细土。

（3）施肥 3 叶期后，依据长势，若苗弱、苗小，叶呈淡黄色，每亩施蔬菜专用复合肥 50kg。

（4）间苗、除草　过密处拔去细嫩秧苗，对少量病苗，也应及时拔除，并带出苗床销毁。同时拔除苗床杂草。

（六）壮苗标准

五叶一心，展开度 5~6cm，苗龄夏秋季 25~30d、早春季 40~50d，无病虫害，叶色清秀。

二、定植

（一）大田选择

大田选择除应符合无公害蔬菜基地土壤质量要求规定，宜选择土壤肥沃、排灌方便、呈弱酸性至中性、无空气污染、保水保肥力强的前两茬未种菊科类作物的田块。

（二）施足基肥

在前茬清理完毕的基础上，每亩投入商品有机肥 1 000kg，蔬菜专用复合肥 80kg，然后机械翻耕，深度为 20~25cm。之后旋耕平整。

（三）整地作畦

6m 大棚作 3 畦，畦宽 160cm，沟宽 30cm，沟深 25cm；每 15m 开一条腰沟，四周开围沟，沟深 30cm，沟宽 30cm；然后人工清理沟系，确保排水通畅。定植前一天，再浅耕，然后整地作畦，盖好地膜。

（四）定植

起苗前一天补足水分。选健壮、无病秧苗带土定植，淘汰无心叶劣质苗。用刀在地膜上挖穴植入，培实四周土壤。夏秋高温时傍晚定植。结球生菜每畦种 5 行，株距 30~35cm，亩栽 3 900株；散叶生菜行株距 15cm×15cm。定植时不得伤及秧苗子叶，定植后浇定根水 1~2 次。

第三章　茄果类无公害蔬菜
高效栽培技术

第一节　番　茄

一、番茄春茬栽培

（1）品种选择　要考虑品种熟性、抗病抗逆性、产量及品质，还要考虑市场对果实色泽的要求，符合销售地区的消费习惯，长途运输销售时还应考虑品种的耐贮运性。

（2）培育壮苗　培育适龄壮苗是番茄早熟丰产的重要基础，春季定植大花蕾的番茄幼苗，应保证有 1 000~1 200℃ 的活动积温。如果出苗后日均温度保持 25℃，仅需 40~48d，20℃需 50~60d，15℃需 66~80d 成苗。育苗期间一般维持日均温度 20℃（昼温 25℃、夜温 15℃），考虑到分苗后的缓苗期，以 70~80d 的育苗天数为适宜。如黄河中下游沿岸地区定植期在 4 月中旬，采用有土育苗时多在 1 月下旬播种；采用穴盘育苗一般于 2 月上中旬播种。

有土育苗的床土采用 6 份腐熟农家肥、4 份大田表土配制，催芽后播种，播前浇透底水。1m² 苗床播 8g 种子，覆土 1cm。播种后至 60% 种子出土，保持昼夜 28~30℃ 的高温，以利于出苗。60% 出土至"吐心"，保持白天 20℃ 左右、夜间 10℃ 左右，以防形成高脚苗。番茄"吐心"至 2~3 片真叶展平，保持白天 25℃ 左右、夜间 15℃ 左右。2~3 片真叶展平时分苗，采用护根育苗措施，把幼苗分至直径 10cm 的塑料营养钵中，也可分苗到 10cm×10cm 见方的营养土方中。分苗营养土配比一般采用 4 份腐熟农家肥、6 份大田表土配成，1m³ 培养土中加烘干鸡粪 10kg。分苗后至缓苗前，保持白天 28℃ 左右，夜间 16℃ 以上，以利于缓苗。缓苗后至定植前 1 周，白天 23~25℃，夜间 12~15℃，定植前一周进行放风炼苗，白天 15~20℃，夜间 8~10℃。采用营养土方育苗时，于定植前 4~5d，进行"囤苗"，即把幼苗按土方面积切成 10cm³ 的土块，在苗床内移动位置，营养土方之间用潮土填充，使幼苗损伤的根系在苗床较高的温度下得到愈合并萌发新根，以利于定植后的缓苗。

穴盘育苗时，常采用 50 孔穴盘，育苗基质可按 2 份草炭、1 份蛭石，或 6 份草炭、3 份花生壳粉、1 份烘干鸡粪，或 1 份草炭、1 份蛭石、1 份珍珠岩的比例配制。采用草炭、蛭石、珍珠岩做育苗基质时，每 50 孔穴盘添加 20g 烘干鸡粪、5g 尿素、7g 磷酸二氢钾补充营养，4 片叶前浇清水。4 片叶后，采用 5g 尿素、7g 磷酸二氢钾加 15kg 水配成的简单营养液补充肥水。

（3）整地施肥 春季整地时每亩施优质腐熟农家肥 5 000 kg 左右，40cm 深翻，使粪土混合均匀，整平耙细，可沟施 50kg/亩的过磷酸钙或 25kg/亩的复合肥。有条件时基肥的 2/3 普施，1/3 垄施。

北方地区春茬番茄一般采取一垄双行高垄栽培，垄距 1.2m，其中垄宽 70cm，沟宽 50cm，垄高 15~20cm。

（4）定植及密度 春茬番茄定植期应在晚霜过后，10cm 地温稳定在 10℃ 以上时进行。定植密度决定于品种、整枝方式、生长期长短等多方面因素。一般自封顶品种，采用改良单干整枝的行株距为（50~55）cm×（23~25）cm；无限生长类型的品种，采用单干整枝的行株距为（55~60）cm×（33~35）cm。

正常番茄幼苗的定植深度以子叶与地面相平或埋至第一片真叶为宜。番茄茎基部易生不定根，适当深栽可促进不定根的发生，但定植过深，土温低不利于发根。对于徒长苗，可采用"卧栽法"。

（5）田间管理

①追肥与灌水。定植后 5~7d，心叶开始生长，发出新根。根据情况浇缓苗水，为防止地温下降，要少灌，然后中耕保墒适当蹲苗，促进根系向纵深发展。当第一穗果开始膨大（直径 3cm 左右），第二、第三穗果开始坐果时结束蹲苗灌催果水，并每亩施尿素 10~12.5kg、硫酸钾 10~15kg。以后根据天气情况 5~7d 灌一次水，保持土壤湿润。第一果穗果实即将采收时，植株进入吸收营养的盛期，应进行一次追肥，促进第二、第三穗果实的生长，防止植株早衰，追肥量与上次相当。此外，可在盛果期进行叶面喷肥 0.2%~0.3%磷酸二氢钾 1~2次，1%~2%过磷酸钙 1~2 次，为促进早熟丰产，还可喷施0.005%~0.01%的硼酸或硫酸锌等微量元素。在成熟采收前15~20d 内，尽量不要喷药，以免采收后的果实农药残留太多。

②植株调整。番茄植株具有枝繁叶茂、分枝性强、易落花果的特点，为协调番茄的营养生长和生殖生长的关系，我们在栽培的过程中应对其进行搭架、打杈、绑蔓、整枝、疏花疏果等植株调整工作，借以改善通风透光，增加产量。番茄的整枝方式主要有单干整枝、改良式单干整枝、双干整枝等。

单干整枝只保留主轴，摘除全部叶腋内长出的侧枝。无限生长类型品种及有限生长类型品种进行高密度栽培时，常采用此种整枝方法。

改良式单干整枝在单干整枝的基础上，保留第一花序下的侧枝，让其结一穗果后摘心。具有早熟、增强植株长势和节约用苗的优点。

双干整枝除主轴外，保留第一花序下的第一侧枝，该侧枝由于生长势强，很快与主轴并行生长，形成双干，其余侧枝全部除去。适用于生长旺盛的无限生长类型品种。

在整枝过程中，除应保留的侧枝外，其余侧枝全部去掉，即打杈。一般在侧枝长到 4~5cm 时再分次摘除，打杈过早会影响根系发育，打杈过晚又会消耗过多的养分。

对于无限生长类型的番茄，在植株生长到一定数量的果穗数时，需进行摘心，保证在有限的生长期内生长的果穗能够充分膨大和成熟，提高产量。

二、番茄夏茬栽培

黄河中下游夏茬番茄栽培对解决北方 8、9 月的秋淡季果菜类供应具有重要作用。夏番茄的收获期正值南方炎热多雨季节，因此对北方来说夏番茄也是重要的南运蔬菜。另外，在北方小麦产区，进行小麦和夏番茄的轮作，对增加粮区农民的收入也具有重要作用。

（1）适地栽培　北方 6 月高温干旱，7—8 月高温多雨，因此，夏季番茄前期易发病毒病，中后期易发晚疫病。因此要选择在夏季小气候冷凉的地区进行栽培，如山区、丘陵、河谷地带等。

（2）品种选择　生产上常用的品种有佳粉 10 号、毛粉802、L402，中杂 9 号、金棚 1 号、粉都女皇、红宝石 2 号等，其中金棚 1 号、红宝石 2 号为耐贮运的硬肉质番茄品种。

（3）适期播种　确定播期的因素包括苗龄 30d、高温到来前封垄、8 月初开始上市等。夏番茄适宜播种期应在 4 月 25日至 5 月 10 日，始收期在 8 月 5—15 日。

（4）培育壮苗　为防止高温诱导病毒病发生，在夏番茄育苗时，首先采用小苗分苗技术，即第 1 片真叶展平时进行分苗；其次是采用营养钵护根育苗技术，即采用营养钵为分苗容器；第三是采用遮阳育苗技术，即把原苗苗床、分苗苗床都建在遮阳防雨棚下，使苗床避免强光和高温。

（5）适期定植，合理密植　夏番茄前茬多为麦茬，麦收后及时整地，每亩施农家肥 3 000～5 000kg，尿素 15kg、硫酸钾 10～15kg、过磷酸钙 35kg 作基肥，深耕耙平后做垄。垄距 130cm，垄肩宽 70cm，垄沟宽 60cm，垄高 15～20cm。为防止夏季大苗定植伤根严重，夏茬番茄采用小苗定植技术，幼苗 4 片真叶展平即开始定植，定植株距 33cm，定植后浇透底水。

（6）排灌与追肥　番茄忌水淹，夏季雨后要注意及时排水。浇水宜在早晚进行，中午前后不宜浇水。夏季温度高，定植后不宜过度蹲苗，应视天气情况小水勤浇，结果期保持地面湿润。

结合浇水进行追肥，夏茬番茄追肥分 3 次进行：定植后缓苗结束时（定植后 4～5d），每亩穴施尿素 5kg，追肥后浇水；第 1 穗果第 1 个果实直径长至 3cm 时，浇催果水，每亩随水冲施尿素 10kg、硫酸钾 10～15kg；结果盛期进行追肥，每亩追施三元复合肥 20kg（15-15-15）。结果后期采用磷酸二氢钾 250 倍和尿素 400 倍混合液进行根外追肥。

（7）地面覆盖　为降低地温、防止雨水冲刷垄面损伤根系，防止高温和伤根诱发病毒病，夏番茄宜采用地面覆盖。覆盖材料可采用黑色地膜，或谷壳、碎草、作物秸秆等，也可采用在地面撒种小白菜的方法。地面覆盖可保墒降温，防止暴雨冲刷垄面，避免中耕损伤根系，减少病毒病的发生。

（8）植株调整　夏番茄采用单干整枝，为提早封垄，封垄前当侧枝长度达到 10cm 时才打掉，封垄后当侧枝长度达到 5cm 即打掉。8 月底、9 月初，当番茄有 5～6 穗果坐稳后对主蔓进行摘心，后茬不轮作小麦可推迟至 9 月中旬摘心。

第二节　茄　子

一、茄子春茬栽培

（1）品种选择　以早熟为主要栽培目的时，应选择早熟品种；以丰产为主要栽培目的时，应选择中晚熟品种。还要考虑市场对茄子色泽、形状的要求。

（2）育苗　苗龄90~110d。在温室内播种育苗，每亩用种50~75g，催芽后撒播于苗床，经35~40d当幼苗2~3片真叶时，采用营养钵分苗。幼苗生长期间，白天温度控制在20~25℃，夜晚15~17℃，地温在15℃以上。定植前5d，进行低温炼苗以适应外界环境。

（3）定植　在10cm地温稳定在12℃以上时即可定植。定植前施足基肥，每亩施腐熟有机肥5 000kg以上。一般采用高垄栽培，行株距因品种而异，早熟品种（40~45）cm×40cm，中晚熟品种（60~70）cm×（40~50）cm。定植后覆盖地膜。

（4）水肥管理　苗期及时进行中耕以疏松土壤，提高土温，促发新根和根系下扎。育苗移栽的茄苗可根据情况浇一次缓苗水，但水量不宜太大。此后可及时进行中耕2~3次，并培土进行蹲苗。在门茄瞪眼期结束蹲苗，结合浇水，追一次"催果肥"，可选用优质农家肥或速效氮肥，如磷酸二铵20kg/亩或腐熟农家肥2 000kg/亩。对茄膨大期以后可每4~6d灌一次水。并每隔一水施一次速效肥料。

（5）植株调整　定植初期，保证有4片功能叶。门茄开花后，花蕾下面留1片叶，下面的叶片全部打掉；门茄采收后，在对茄下留1片叶，再打掉下边的叶片。以后根据植株的长势和郁闭程度，保证植株内部及株与株间有一定的通风透光。在植株生长过程中要随时摘除下部老叶和病叶，以改善通风透光条件，并减少消耗。

二、茄子夏秋茬栽培

（1）品种选择 由于茄子多在麦收后定植，因此要选用耐热、耐湿和抗病品种。

（2）育苗 4月下旬至5月上旬露地播种育苗，齐苗后及时间苗，一叶一心时分苗一次，苗龄60d左右。

（3）整地施肥 麦收后立即整地，重施有机肥，定植沟内每亩施过磷酸钙25~40kg、尿素10kg、硫酸钾20kg，按1.2m的垄距，做宽60~70cm、高15~20cm的小高垄。

（4）定植 每垄定植两行茄子，呈三角形，株距33~40cm。也可采用平畦定植，以后结合中耕，逐渐培土成垄，一方面防止高温伤根，另一方面也有利于排水降温，减轻病害。

（5）肥水管理 夏秋茄子生长期较短，需加强管理。定植后连续浇水两次，中耕蹲苗10d左右。"门茄"坐稳后追肥浇水。为防止雨季流失养分导致营养不足，一般15d左右追一次肥。浇水一般在早上或晚上进行。

（6）保花保果 夏秋茄子开花期环境温度高，短柱花较多，容易造成落花，产量不稳定，可喷50mg/kg防落素，提高坐果率。

（7）采收 夏秋茬茄子一般于7月下旬开始采收，由于此时春茄子果实的商品性已下降，因此，夏秋茄子能够获得较高的市场价格。

第三节 青（辣）椒

一、栽培季节与茬口安排

露地辣椒多于冬春季育苗，终霜后定植，晚夏拉秧后种植秋菜，也可行恋秋栽培至霜降拉秧。长江中下游地区多于11—12月利用温床育苗，3—4月定植。北方地区则多于春季在保护地内育苗，4—5月定植。辣椒的前茬可以是各种绿叶菜类，后茬可以种植各种秋菜或休闲。因为茄果类蔬菜有共同的病虫害，所以辣椒栽培应与非茄果类蔬菜轮作。

二、辣（甜）椒春茬栽培

（1）品种选择 主要根据市场需要选择品种，进行早熟栽培时应选择早熟品种。辣椒品种如湘研16号、豫艺农研13号、洛椒4号等；甜椒品种如中椒8号、11号、豫艺农研23号等。

（2）育苗 培育适龄壮苗是辣（甜）椒丰产稳产的基础。在一般育苗条件下，要使幼苗定植时达到现大蕾的生理苗龄，必须适当早播，采用温室播种和温室或改良阳畦分苗的育苗设施。采用有土育苗时，早熟和中早熟品种育苗期一般为85~100d；采用穴盘育苗，在温度条件和营养条件较好时，用50孔穴盘，培育日历苗龄60d左右现小蕾的幼苗较合适。

（3）整地施肥 辣椒不宜连作，一旦田间有疫病发生，连作后病害更重。应选择排灌方便的壤土或沙壤土。定植前深耕土地，施入充足的基肥，每亩撒施腐熟有机肥5 000kg，过磷酸钙30~40kg、尿素20kg、硫酸钾15~20kg。辣椒忌水淹，定植前做好灌排沟渠，减轻涝害。

（4）定植 定植期因各地气候不同而异，原则是当地晚霜过后应及早定植，一般是10cm土温稳定在12℃左右即可定植。黑龙江省一般在3月中旬左右播种育苗，5月定植；河南中部地区多在4月中旬定植。

辣椒的栽植密度依品种及生长期长短而不同，一般每亩定植3 000~4 000穴（双株），行距50~60cm，株距25~33cm。由于辣椒株型紧凑适宜密植，采用早熟品种进行提早栽培时，每亩可定植5 400~5 600穴（双株），增产效果明显，尤其对早期产量。选用生长势强的中晚熟品种时，一般采用单株定植。定植时土面与营养钵土面相平即可。

（5）田间管理　根据辣椒喜温、喜肥、喜水及高温易得病、水涝易死秧、肥多易烧根等特点，管理中，定植后采收前主要是促根、促秧；开始采收至盛果期要促秧攻果；进入高温季节后应着重保根、保秧。

①水肥管理。待辣椒3~5d缓苗后可浇一次缓苗水，水量可稍大些，以后一直到坐果前不需再浇水。门椒采收后，为防止"三落"病（即落花、落果和落叶）和病毒病，应经常浇水保持土壤湿润，不可等到过度干旱之后再浇水。一般结果前期7d左右浇1次水，结果盛期4~5d浇1次水。辣椒喜肥又不耐肥，营养不足或营养过剩都易引起落花、落果，因此，追肥应以少量多次为原则。一般基肥比较充足的情况下，门椒坐果前可以满足需要，当门椒长到3cm长时，可结合浇水进行第1次追肥，可随水冲施尿素、硫酸钾。此后进入盛果期，根据植株长势和结果情况，可追施化肥或腐熟有机肥1~2次。

②植株调整。进入盛果期后，温光条件优越，肥水充足，枝叶繁茂，影响通风透光。结果中后期，应及时摘除老、黄、病叶，并将基部消耗养分但又不能结果成熟的侧枝尽早抹去，如密度过大，在对椒上发出的两杈中选留一杈，进行双干整枝。

③收获。春季辣椒多以嫩果为产品，一般在果实膨大充分、果皮油绿发亮、果肉变硬时进行采收。

三、辣（甜）椒越夏茬栽培

黄淮地区夏季辣（甜）椒尤其是夏季麦茬辣椒栽培相当普遍。夏辣椒在北方秋淡季蔬菜供应中占有重要地位，也是北菜南运的重要蔬菜之一。

（1）品种选择　辣椒类型多选择湘研16号、19号、豫艺墨玉大椒、中椒13号等；甜椒类型多选择中椒4号、8号、湘研8号、17号、豫艺农研25号等；彩椒很少。

（2）整地施肥　麦收后及时整地，每亩施农家肥4 000~5 000kg、过磷酸钙40kg、碳酸氢铵80kg、硫酸钾20kg作底肥，深耕细耙，按垄距90cm、垄基宽60cm、垄沟宽30cm、垄高15cm起垄，高垄栽培有利于夏季防水淹。

（3）适期播种采用露地育苗，苗高15cm、60%现大蕾、20%开花的辣椒壮苗需60d左右。一般4月中旬前后为适播期，采用营养钵护根育苗，于2~3叶时分苗一次。

（4）合理密植　越夏辣椒一般于6月中旬定植，一垄双行、单株定植时株距20cm，每亩定植7 400株；双株定植时，株距28cm，每亩定植10 000株左右。生长势强的品种也可采用30cm株距单株定植，每亩定植5 000株左右。

（5）肥水管理　辣椒忌水淹，尤其是夏季高温时，也不宜大水漫灌。前期5~6d浇一水，后期保持地面湿润。缓苗后结合浇水每亩追施尿素10kg。门椒坐稳后追施催果肥，每亩施尿素15kg，门椒和对椒收获后，植株大量开花，每亩穴施尿素15kg、硫酸钾15kg。立秋后每亩施尿素15kg，促进秋后结果。

（6）采收　越夏辣椒栽培，一部分以青（辣）椒满足8—9月淡季市场需求，一部分以红椒销售给加工厂家，甜椒大都以青（辣）椒形式销售。

第四章　瓜类无公害蔬菜高效栽培技术

第一节　黄　瓜

黄瓜为葫芦科植物黄瓜属的果实，属于一年生蔓生或攀缘草本，茎细长，有纵棱，被短刚毛。黄瓜是汉朝张骞出使西域带回来的，因此最初也被称为胡瓜。因为黄瓜的颜色是青色，外表有小刺，因此也有地方称为青瓜或者刺瓜。

一、温室选址

选择远离生活区、厂矿、医院和交通干线，土壤肥沃，有机质含量高，空气清新，水源洁净，排灌设施齐备，前茬没有种植过葫芦科作物的温室，进行种植。

二、育苗方式

根据季节和生产条件可在露地、阳畦、塑料拱棚、日光温室育苗，可加设酿热物温床、电热温床及穴盘育苗。

三、品种选择

选用抗病虫、适应性强、外观和内在品质好的品种。露地可选用津春3号、4号、5号，中农5号、13号，春光2号，甜翠绿6号等。保护地选择耐低温弱光、抗病性好的品种，如津研系列、津春系列等。种子质量需符合 GB 8079—1987 中的二级以上要求。

四、种子处理

将种子放在 55℃ 温水中并不断搅拌至水温降到 35℃，再浸泡 3~4h，将种子黏液搓洗干净后催芽（可防病毒病、黑星病、炭疽病、菌核病）。另外，将干种子放在 70℃ 恒温处理72h，检查发芽率后浸种催芽（可防枯萎病、病毒病、细菌性角斑病）。

五、育苗床准备

（1）床土配制　用近几年没有种过葫芦科蔬菜的田园土60%，圈肥 30%，腐熟畜禽粪或粪干 5%，炉灰或沙子 5%，混合均匀后过筛（包括分苗和嫁接苗床用土）。

（2）床土消毒　用 50% 多菌灵与 50% 福美双可湿性粉剂按 1∶1 混合，或 25% 甲霜灵与 70% 代森锰锌可湿性粉剂按1∶1 混合，按每平方米用药 8~10g 与 4~5kg 细土混合，播种时 2/3 铺于苗床，1/3 盖在种子上。

六、适期播种

9 月初，最好选用包衣种子进行播种。选用普通种子时，要先在 50℃ 左右的温水中浸种 30min，洗掉黏液，沥干水，用纱布包好，放在 28℃ 的恒温箱中，催芽 24~48h。待种子露白时，点播在 10cm×10cm 的营养器内，每个营养器内放 2 粒，筛细营养土盖好，保湿育苗。

（1）一般播种　在育苗地深挖 15cm 苗床，内铺配制床土厚 10cm，浇水渗透后，上铺药土厚 2cm，按行株距 3cm 点种，上覆药土堆高 2cm，床土覆盖塑料地膜防雨保温。

（2）容器播种　将 15cm 深苗床先浇透水，用直径 10cm、高 12cm 的纸筒（塑料薄膜筒或育苗钵），内装配制床土 8cm，上铺药土 2cm，每纸筒内点播一粒种子，用喷壶浇透后，上覆药土 2cm。

（3）嫁接苗的播种　用靠接法的黄瓜比南瓜（南砧 1 号或云南黑籽南瓜）早播种 3d；用插接法的南瓜比黄瓜早播种 3~4d。

七、定植

露地栽培应在晚霜后，棚室栽培夜间最低温度应在 12℃以上。按等行距 60~70cm 或大小行距（80~90）cm×（50~60）cm，于苗行处做高垄，垄高 10~15cm，垄上覆地膜，棚室的垄与沟均覆地膜进行膜下灌溉，以控制棚室湿度。于垄上按株距 25cm 挖穴坐水栽苗，每公顷栽苗 52 500~66 000 株（3 500~4 400 株/亩）。定植前 5~7d，适度控水炼苗。每亩用腐熟优质有机肥 4 000~5 000kg，配施三元蔬菜专用复合肥 25kg，深翻混匀后，做成高出地面 20~30cm 的畦垄，畦宽 1.8~2m，用土壤杀菌剂处理畦表后，覆盖地膜，每畦栽植两行。幼苗长出 5~6 片真叶时，在晴天午后，往地膜上打孔，带土坨移栽。株距在 30~40cm，每亩定植 1 800~2 500 株。栽后及时斟水灌穴，待水下渗后，填土封堆，用手轻轻拍实。

第二节　冬　瓜

一、栽培方式

（1）地冬瓜　植株爬地生长，株行距较稀，一般每亩种植 300 株左右，管理比较粗放，生长初期可选留 1~2 条强壮侧蔓，其余侧蔓摘除，结果后任其生长。

（2）棚冬瓜　用竹木搭棚引蔓，有高棚和矮棚之分。高棚一般高 1.7~2m，矮棚一般高 0.6~0.8m，瓜蔓上棚以前摘除侧蔓，上棚以后任其生长。高棚一般按株距设立支架，上面用竹木搭成纵横交错的棚面，棚下管理方便，并可间套种。

（3）架冬瓜　架冬瓜是冬瓜大棚栽培的主要形式，就是让冬瓜上架生长，生产上应用较多。支架的形式有多种，有"一条龙"：即每株一桩，在 130~150cm 高处，用横竹连贯固定；有"一星鼓架龙眼"和"四星鼓架龙眼"，即用三或四根竹竿搭成鼓架，各鼓架上用横竹连贯固定，一株一个鼓架。

二、栽培季节

冬瓜喜温、耐热，为获得丰产，开花期气候条件对坐果率影响很大，为获得丰产，应选冬瓜坐果和果实发育的适宜气候条件栽植。天气晴朗，气温较高，湿度较大等气候条件有利于坐果；而空气干燥，气温低或阴雨天时，因昆虫活动少，不利于授粉，则坐果差。我国中部地区栽培冬瓜的适宜播种期为 3 月中旬至 4 月下旬。

三、育苗

（1）苗床选择　选择避风向阳，水源方便地块作苗床，整苗床宽 1.3~1.5m，并喷施 40%辛硫磷 1 500 倍液，消灭地下害虫。不得用老瓜地作苗床。

（2）营养土配制　播种前 5~10d 配制好营养土，选用经烤晒、过筛的肥沃水稻土或火烧土，加腐熟猪、牛栏粪、稻谷灰混合均匀，土肥比例为 7：3，每 50kg 营养土加钙镁磷肥或过磷酸钙 0.25~1kg、多菌灵 50g，充分混合，堆沤 5~10d；而后将营养土装入 6cm×8cm 或 8cm×8cm 塑料营养钵中，整齐排放在苗床上。切勿采用老瓜地土壤作营养土。

（3）品种选择　选用抗病、抗逆性强、丰产优质品种。

（4）浸种与催芽　先用水洗净种子，去掉表面的黏液物，然后用 40%福尔马林 150 倍液浸种 1.5h，再用清水洗干净。也可用 50~60℃热水浸种，在注入热水时，要不断搅拌，使种子受热均匀，直到温度降至 30℃ 左右。经过药剂或热水处理的种子，再在水中浸泡 12~14h，吸足水分后，取出用纱布包裹，放在 30~35℃ 环境下催芽。催芽时每天翻动种子两次，以利于种子发芽一致，至 70% 种子露白时即可播种。

四、播种育苗

播种前一天先将钵中营养土浇透水，以利于营养土蒸发少许水分后变得疏松些，便于胚根下扎；每个营养钵播露白种子 1 粒，种子平放，露白芽尖朝下；播种时可先用一小木杆在钵中间扎一小洞穴，以便于放置种子；播后撒一层细土盖种。而后用竹片在苗床上搭起小拱棚，盖上薄膜保温保湿，确保整齐出苗。由于播前营养土已浇透水。为防止浇水造成泥土粘住种壳，不利于子叶展开出苗，播后 5d 内不用浇水。

春季栽培冬瓜，由于常受低温的影响，宜采取营养钵育苗。播种前一天要将钵中营养土浇透，播种深度 2~3cm，每个营养钵播置发芽的种子 1~2 粒，播后随即盖上遮阳网或稻草等覆盖物，若遇寒潮或阴雨天气，宜用塑料薄膜覆盖。

五、田间管理

（1）灌溉、追肥与中耕　冬瓜的灌溉原则和其他瓜类相似，要促控结合，蹲苗期以控为主，浇过缓苗水后，要及时深耕细耙，保温保墒。幼苗期及抽蔓期，结合浇水每亩追施氮肥（N）2~3kg（折合尿素 4.3~6.5kg）。冬瓜坐果后是供水的关键时期，应给予充足的水肥，结合浇水每亩追施氮肥（N）3kg（折合尿素 6.5kg）、钾肥（K_2O）5kg（折合硫酸钾 10kg）。

（2）植株的整理　冬瓜一般是主蔓结果，为使主蔓生长健壮，营养集中，应及时摘除侧蔓，在整蔓的同时，要做好引蔓、压蔓的工作。架冬瓜要把坐果节位放在棚架的横杆处，以便吊瓜，所以一般当主蔓上有 15~20 节时才引蔓上架（多余的蔓或盘于竖杆周围，或贴地横走至适应的竖杆处上架）。地冬瓜蔓长 50~70cm 时开始压蔓，压蔓可以人为调整安排和固定瓜蔓的走向，以促进不定根的发生。压蔓时要把瓜蔓均匀散开，布满整个畦面，使之充分利用阳光。

第三节 苦 瓜

苦瓜，葫芦科，一年生草本植物，因果实含有奇特的苦味而得名。苦瓜原产于东印度热带地区，我国广东、广西壮族自治区、福建、台湾、湖南、四川等省区栽培较早，近年来北方地区已试栽成功并推广，多作为夏秋淡季蔬菜，颇受消费者欢迎。

一、育苗

为适应市场需求，要选用抗病、优质、高产、耐贮运、品质好的品种。一般选择长身苦瓜、夏丰 2 号、青玉苦瓜等。由于苦瓜种子种皮坚硬，表皮还有蜡质，吸水较慢，播种前要进行浸种催芽。方法是：先用清水将种子清洗干净，再用 50~60℃温水浸种 10~30min。温水浸种能将附着在苦瓜种子表面的病菌杀死，改善种皮的通透性。边浸种边搅拌，自然冷却后再用清水浸泡 10~12h；清水浸泡时，每隔 4~5h 换 1 次水。浸泡结束后，用干净的纱布或者毛巾将种子包起来，再置于30~35℃下催芽。需要特别注意的是：在催芽过程中，每天用与催芽温度相当的清水擦洗 1 次，以除去种子表面黏液，防止种子发霉。60%的种子露白时即可播种。苦瓜播种通常采用营养钵育苗、营养土切块育苗。营养钵直径为 10cm，营养土块10cm^2。播种在棚内进行，在每个营养钵中点播 1 粒种子，随后覆上 1.0~1.5cm 厚的营养土。采用营养土切块的方式育苗，播种时胚芽朝下，播后覆盖 2cm 厚细土，然后覆膜。苦瓜播种后，苗床的温度控制是关键。出苗前的温度应保持在30~35℃，出苗后保持在25℃左右。夜间温度低于15℃时，要加盖草帘保温。

二、播种期

在1月进行播种。可播于营养土块或营养钵内，苗龄25~30d；也可先播于育苗盘或穴盘中，再移入营养钵中，苗龄30~35d。苗长到4~6片真叶时开始定植。

三、定植

当苦瓜幼苗长到4~5片真叶时，即可定植。苦瓜移栽前1周，要除去苗床上的薄膜。移植前一天要适当喷水，让根系带土，以便缓田。苦瓜苗的定植一般是大行距80cm，小行距40cm，株距35cm，栽4.65万株/hm^2。采用高培起垄的方式，每垄栽2行。苦瓜定苗不要过深，因为苦瓜幼苗纤细，容易造成根部腐烂，引起死苗。移栽时，把定植穴周围土整细，再把幼苗连土坨一起放入穴内，覆土并稍压实，覆土高度以子叶露出地面为准。定植后浇足定苗水，然后覆盖地膜。在膜上开口掏苗，促进缓苗。苦瓜定植后，白天温度要保持在30℃左右，夜间不能低于15℃。缓苗后，白天温度控制在25℃，夜间14~18℃。

四、田间管理

（1）浇水　生长前期要保持土壤湿润，要求空气湿度较高。苦瓜不耐涝，雨天及时排水，不使地面积水。

（2）温度　苦瓜喜温，较耐热，不耐寒，发芽适宜温度28~30℃，20℃以下发芽缓慢。开花结果期需20~25℃。在30℃以上和15℃以下，对植株生长和结果都不利。

（3）整枝搭架　苦瓜爬蔓后及时插架。一般用竹竿或木杆搭成"人"字架或塑料绳吊蔓。苦瓜枝蔓很多应及时整枝。整枝方法有两种：一种是保留主蔓，将基部 33cm 以下侧蔓摘除，促使主蔓和上部子蔓结瓜；另一种是留主侧蔓结瓜，当主蔓 1m 时摘心，使发生侧蔓，选留基部粗壮的侧蔓 1~2 个，当侧蔓着生雌花后摘心。

生长期要摘去部分侧蔓和瘦弱的枝蔓，以利通风透光，同时减轻支架的负荷，避免风雨后倒伏。

第四节　西葫芦

一、品种选择与种子处理

西葫芦的早熟品种有早春一代、一窝猴、阿太一代、特早一号、小白皮和花叶葫芦等，中熟品种有长蔓西葫芦等。一般于早春季节在大棚（室）里进行栽培，效益较高。播种量在 4.5~7.5kg/hm²。播种前选择无杂质、籽粒饱满的种子放在 50~55℃ 的温水中，搅拌 15min，然后放在室温水中浸泡 6~8h，接着再搓洗干净，并再用清水洗净，放到 25~30℃ 条件下保温保湿催芽，并每 6h 用清水淘洗 1 次，经 2~3d 即可发芽。

二、培育壮苗

西葫芦多采用育苗方式栽培。在露地生产，一般在 3—4 月育苗，苗期 25~30d，在塑料大棚内生产，一般在 2—3 月育苗，苗期 30~40d。定植时土温必须在 12℃ 以上。床土配制：用园田土 6 份和腐熟圈肥 4 份，过筛后均匀混合，再加上按 1m³ 床土加过筛的鸡粪 15kg 和复合肥 5kg，均匀混合后备用。将床土装入营养钵内或纸袋里，也可在苗床内将床土平铺 10cm 厚，再用温水浇透，划好 10cm×10cm 的营养土方，然后即可播种。每个营养钵或土方内平放 1 粒发芽的种子，种芽朝下，然后再盖上 2cm 厚细土，随即覆盖塑料膜保温保湿。幼苗出土前，保持苗床土温在 15 ~ 18℃，保持气温在 28℃，一般经 3 ~ 5d 即可出苗。出苗后，揭掉塑料膜，降温降湿防徒长，控制气温在 20 ~ 25℃。如发现戴帽苗，再覆 1 次细土，或人工摘帽。为防止徒长，夜温可控制在 15℃ 左右。为促雌花，在三叶期可喷 40% 乙烯利 2 500 倍液。在定植前，必须达到壮苗标准。在定植前 7d 应锻炼秧苗，即采用逐步降温降湿措施，一般不浇水，降温至 7~8℃，这样锻炼的秧苗抗逆性强，定植后缓苗快。

三、整地定植

西葫芦一般在 4 月下旬至 5 月上旬定植。如覆地膜，可提前 1 周左右定植；如扣小拱棚，可提前 10d 左右定植，地温应稳定在 12℃ 以上。定植前，要先施肥整地。施腐熟优质粗肥 90 ~ 105t/hm², 还需施尿素 450kg/hm², 普撒肥料后，耕翻 30cm，然后做成 1.6m 宽的高畦，畦中间开 1 条水沟，再覆膜烤地。当地温升至 12℃ 以上时，即可定植。采用水苗定植，壮苗标准：苗龄在 30d 左右，株高 15 ~ 20cm，茎粗色绿，节间短。叶片大而绿，定植前达 4 叶 1 心，根系发达，吸收根多，无病虫害和机械损伤。定植方法：采用大畦双片，小行距 60cm、株距 60cm 或打 80cm 小垄，每垄栽 1 行，株距不变。定植后覆土稍加镇压，然后按畦浇水。也可进行膜下暗灌。对于不覆地膜的幼苗，也可在定植行两侧开沟浇水，或者栽苗后先按畦浇足坐苗水，待水渗下后再封埯。早春定植，应选无风晴天的中午进行。

四、田间管理

定植后，应支小拱棚，以保温保湿，促进缓苗。白天控温 25 ~ 28℃，夜间控温 18℃；保持土壤潮湿，经 4 ~ 6d 即可缓苗。缓苗后，应降温降湿，开放小风，调控气温白天在 25℃ 左右，夜间在 15℃ 左右。如果不覆地膜，还应中耕松土，促进生长。为促进茎叶生长，缓苗后应穴施追肥，距根部 15cm 处开沟施尿素 225kg/hm²，随后覆土浇水。西葫芦一般在主蔓 7~8 节开 1 朵雌花，以后隔 2~3 节开 1 朵雌花。可在早晨 6：00—7：00 进行人工授粉，而且在露水未干时授粉坐果率高。另外，为了保花保果，在花期可用 20~40mg/kg 2，4-D 蘸花。为预防灰霉病，可在 2，4-D 内加 0.2%速克灵或用 0.1%甲霉灵，用药液 15kg/hm²。对蔓生或半蔓生品种，在甩蔓时应进行吊蔓，露地栽培可以用土压蔓，每隔 3~4 节用土块压 1 道蔓。同时，摘掉老叶、卷须，对侧枝进行打尖。当主蔓老化时，要留 2 个粗壮侧枝，待侧枝出现雌花后，再剪掉主蔓。在水肥管理方面：一般在根瓜长到 5~6cm 时，开始浇水追肥。随水施尿素 225kg/hm²，此后应一直保持土壤湿润。一般每次采收以后，都应进行追肥浇水。

第五节　南　瓜

一、品种选择

选择色泽鲜亮、味香质佳、适于当地栽培的品种。种子质量：纯度≥95%，净度≥98%，发芽率≥90%。

二、田块选择

选择土层深厚、排灌方便的旱地种植，并避免连作。

（一）栽培季节

（1）春早熟栽培　2 月中下旬播种、大中棚育苗，3 月下旬地膜覆盖定植，5 月中旬至 6 月底分批采收嫩瓜和成熟瓜。

（2）春季栽培 3月中下旬播种育苗，4月中下旬定植，6月下旬至9月上旬采收。

（3）秋延迟栽培 8月初播种育苗，8月中旬定植，10月上旬开始采收。

（二）育苗设施

根据育苗季节、气候条件的不同选用温室、塑料大棚、小拱棚等育苗设施，夏季育苗还应配有遮阳设施。有条件的可采用穴盘育苗和工厂化育苗。

（三）营养土

选用3年未种过葫芦科作物的田块，每1m³生荏园土中，加入25%多菌灵75g、3%辛硫磷颗粒剂30g及氮、磷、钾含量均为15%的硫酸钾三元复混肥1kg，充分掺匀，3d后装入营养钵中备用。

（四）苗床

每亩栽培面积需准备苗床20m²。将配制好的营养土均匀铺于苗床上，厚度10cm；或直接装入营养钵中。

三、播种

（一）浸种

用55℃的温水浸种15min；然后使水温降到室温浸种1~2h，用干净毛巾搓去种子表面的黏液。

（二）催芽

将浸泡后的种子放在25~30℃恒温条件下催芽，保持湿度，每天翻动3~4次，48h即可出芽。

（三）播种方法

（1）育苗移栽 采用营养钵大棚或小拱棚育苗，将催好芽的南瓜种子放入10cm×10cm的大营养钵中，每钵1粒，盖上 1.5cm 厚的消毒营养土，再盖上地膜，保持一定的温湿度，2 叶 1 心时定植到大田。

（2）大田直播　春季直播应比育苗移栽稍晚播种。播种前作深沟高畦，畦宽 2.5m，株距 50cm。出苗后，破膜放苗，防止高温烧苗。

四、苗期管理

（一）苗前管理

春季大棚育苗重点是保温、保湿，加快出苗。当 80% 以上幼苗出土时，应增加光照、降温降湿防徒长。

（二）齐苗后的管理

齐苗后，要保证充足的光照，同时昼温要控制在 20～25℃，夜温 15～18℃，地温 20～23℃。定植前 5～7d 蹲苗。秧苗有 3~4 片真叶（苗龄 25~30d）时即可定植。

五、定植

（一）整地

6m 宽大棚内作成 2 畦，露地作成宽 2.5m（含沟）的深沟高畦。在畦的中间每亩条施腐熟农家肥 2 000～3 000kg、蔬菜专用生物有机复合肥 40~80kg，然后铺地膜覆盖。

（二）定植方法

大棚栽培密度为每亩约 500 株，露地栽培株距为 50cm。定植时注意瓜苗不宜栽植过深，否则容易积水引起烂根。

六、田间管理

（一）施肥

在伸蔓后开花前追施尿素 5～10kg，在果实直径长到 12cm

左右时追施硫酸钾三元复混肥 25kg。

（二）水分管理

南瓜耐旱怕湿，生育期需水较少。幼瓜坐稳后，应结合追肥浇 1 次水，其余时间可视苗情而定，为保证品质，采收前 10d 不宜浇水。梅雨季节注意排水，以防烂根和落花、落果。

（三）整枝压蔓

采用双蔓整枝，瓜苗 4~6 片真叶时摘心，从基部选留 2 条健壮子蔓，其余子蔓及孙蔓从基部摘除。幼瓜坐稳后打顶，以后可不再整枝。瓜蔓 0.5~0.6m 时开始压蔓，以后每隔 0.4m 压 1 次，共压 3~4 次。

（四）人工辅助授粉

为了提高坐果率、使果实整齐一致，最好进行人工授粉，授粉时间以 6:00—10:00 为宜。

（五）疏花留果

为提高商品性，南瓜每蔓 10 节以后留 1 个果，每株 2 个果，其余雌花或幼果及时摘除。

（六）果实保护

幼瓜迅速膨大后，要用废瓦片等物将瓜垫起，如瓜着生在低洼处，可将瓜移到高处，以免过湿而烂瓜。南瓜生长后期光照过强，瓜面易发生日灼，需用青草或瓜叶等遮阳。

第六节　丝　瓜

一、品种选择

选用优质、抗病、高产、适应性广、商品性好、适合市场需求的品种。

二、育苗

采用本基地育苗场生产的优质苗木。

三、播种期

温室、大棚及露地栽培分别在 8—9 月、12 月中旬及 3 月中旬播种。

四、定植

（1）施肥　每亩用优质腐熟鸡粪 6 000 kg，磷酸二铵 30kg，尿素 15kg，硫酸钾复合肥 20kg。施肥后，充分耕翻，耕地深度 20~30cm。然后作畦，整平畦面。覆盖地膜压实。

（2）定植时间　瓜苗达 4 叶 1 心时，选择晴天进行。温室、大棚及露地栽培分别在 9—10 月、1 月及 4 月定植。

（3）定植方法　行距 80cm，株距 30cm，大小苗分级定植。

（4）温度　冬季以防冻保温为主，保持棚内白天 25 ~ 28℃，夜间不低于 12℃。

（5）肥水　硫酸钾复合肥 15 ~ 20kg 和尿素 15 ~ 20kg 交替追施，穴施。冬季严寒时应追施一次磷酸二铵 20~40kg。必要时，辅以叶面施肥。在浇足定植水的基础上，一般坐瓜前不浇水，坐瓜后开始浇水，保持畦面干、湿交替。

（6）吊架　丝瓜定植缓苗后，开始吊架。

（7）整蔓　当瓜蔓伸长时，及时在架上绕蔓。当瓜蔓伸长到架顶开始落蔓时，将主蔓下部 50cm 以下部位的叶片全部摘除，将瓜蔓下放盘绕，重新绑蔓。

（8）整枝　一般留主蔓结瓜。坐瓜前，将主蔓两侧的分枝全部摘除。如果主蔓坐瓜少，可留子蔓结瓜；子蔓结瓜后，留 1 ~ 2 片叶摘心。

（9）授粉　开花当日 7：00—9：00，进行沾花或人工授粉。

（10）整枝疏果　瓜生长过程中，及时摘除老叶、病叶和卷须，及时摘除病瓜、虫蛀瓜、畸形瓜以及主蔓下部 50cm 以下部位的根瓜。对弯瓜，用小砖块或土块作悬挂重物，用细绳连接绑扎于瓜的顶端并悬挂拉直。

（11）产地环境　应选择排灌方便、地势平坦、土壤肥力较高的壤土或沙壤土地块。

第七节　甜　瓜

一、栽培季节

4 月上旬于阳畦育苗，5 月上旬定植，7 月初至 8 月上旬收获。

二、品种选择

选择耐寒、抗病、含糖量高、产量高、商品性好的品种，如伊丽莎白、状元、蜜世界等。

三、育苗

营养钵在阳畦内育苗，并对育苗设施进行消毒处理，创造适合秧苗生长发育的环境条件。营养土的配制：用无菌沙壤土 6 份，加腐熟优质圈肥 4 份，每立方米加过磷酸钙 5kg，把配制好的营养土装入 8cm×8cm 的营养钵或纸筒内，排列在苗床上，盖膜提温至 15℃ 以上。浸种催芽：将种子放入 55～60℃ 的温水中，搅拌 10min 后使水温降至 30℃ 左右，浸种 4h，然后捞出，再浸入 0.1% 的高锰酸钾溶液中消毒 20min，再用清水洗净，用干净的湿纱布包好，放在 28～30℃ 的条件下催芽，

24h 后即可播种。

四、播种及苗期管理

播种应选择晴朗天气，将营养钵喷水润湿后点播，每个营养钵播 1 粒发芽的种子，覆土 1cm。并加盖小拱棚及草帘，出苗前温度控制在白天 28~30℃，夜间 15~17℃。出苗后白天温度 22~25℃，夜间 15~17℃，湿度保持 95% 以上。当幼苗长出 2~3 个真叶时炼苗，7~10d 后即可定植。

五、定植

整地施肥禁止使用未经国家和省级农业部门登记的化学或生物肥料，禁止使用硝态氮肥，禁止使用城市垃圾、污泥、工业废渣。有机肥料需充分腐熟并达到规定的卫生标准。每亩施农家肥 3 000~5 000kg、过磷酸钙 50kg、硫酸钾 25kg、尿素 20kg，翻匀平沟，浇底水，在施肥沟上起小垄，垄高 10~15cm，垄宽 40cm，定植前 5~7d 垄上铺地膜。

六、定植时间

5 月上旬 10cm 地温稳定达到 15℃，选择晴天上午定植。

七、定植方法及密度

在垄上按株距 45~50cm 挖穴，每穴栽 1 株，浇水后埋土与苗坨相平，每亩栽 800~1 000 株。

八、肥水管理

从定植后到采收第一批瓜不再追施化肥，浇好 3 次水，第一次是缓苗后浇提苗水，第二次是伸蔓期，第三次是果实膨大期。瓜秧封垄后可采用叶面喷施，每 5~7d 用磷酸二氢钾对水喷施。收获前 20d 停止追肥，收获前 1 周停止浇水。

第五章　豆类无公害蔬菜高效栽培技术

第一节　荷兰豆

一、品种选择

荷兰豆的品种有中山青、赤花绢荚、莲阳双花、美国小青花、日本成驹等品种。可根据各地的需要选择品种。

二、栽培季节和方式

早春日光温室栽培，于1月下旬至2月上旬播种，4月下旬至6月中旬收获。早春大棚栽培于2月下旬至3月上旬播种，5月上中旬至6月中下旬收获。春季露地栽培于3月中下旬播种，5月中旬至6月下旬收获。秋季日光温室延后栽培7月下旬播种，10月中旬至12月中旬收获。秋季大棚延后栽培于8月上旬播种，10月中旬至11月中旬收获。

三、栽培技术

（1）整地播种　以直播为主，垄作或畦作，播前亩施有机肥2 000kg、过磷酸钙20kg，耕翻整平地后起垄或作畦。为促进早熟和降低开花节位，播前可先浸种催芽，在室温下浸种2h，5~6℃的条件下处理5~7d，当芽长至5mm时播种。干种子播后要及时浇水。采用条播，行距30~40cm，株距8~10cm，覆土2~3cm，每亩矮生种用种量为15kg，蔓生种为 12kg。

（2）田间管理　出苗前不浇水，出苗后的营养生长期，以中耕锄草为主，适当浇水，只要不干裂即可。蔓生种在蔓长 30cm 时搭架。在现蕾前浇小水，花期不浇水。荷兰豆有固氮能力，不需要很多肥料，但多数品种生长势强，栽培密度大，一般需要追肥 3 次，第一次于抽蔓旺长期施用，亩施复合肥 15kg，或人粪尿 400kg；结荚期追施磷钾肥，亩施磷酸二铵 15kg，硫酸钾或氯化钾 5kg，增产效果明显。植株长至 15 节时摘心，将下部老叶、黄叶摘除，以改善通风透光条件。为防止落花落荚，可用 30mg/L 的防落素喷雾。

（3）采收　嫩梢可随时采收，开花后 10d 左右嫩荚充分肥大，但籽粒没饱满，颜色鲜绿即可从基部采收嫩荚。对于硬荚品种，一般只采收青豆料，当荚皮白绿，豆粒肥大饱满时采收。收获干豆粒，要在开花后 30~40d 荚皮变黄时进行，收获应在清晨进行，以防荚皮爆裂。

第二节　菜　豆

一、生产地选择

生产地宜选择地势平整、排灌方便，土层深厚、土壤疏松肥沃、土壤性状良好、远离污染源的地块。

二、品种选择

露地栽培可选用早熟的矮生型或蔓生型品种，中晚熟的蔓生型品种。要求品质好、产量高、抗性强、食用安全性好，早熟品种要求有较强的抗寒性。压趴架一点红、大将军、紫花油豆等都是较受欢迎的品种。

三、栽培季节与茬口安排

菜豆从播种到开花所需积温，矮生种为 700~800℃，蔓生种为 800~1 000℃。我国除无霜期很短的高寒地区为夏播秋收外，其余各地均春、秋两季播种，并以春播菜豆为主。目前，为了延长生育周期，提高产量，露地栽培多采用春季温室育苗，外界温度适宜后再往露地移栽的生产方式。东北在 4 月下旬至 5 月上旬播种，华北地区在 4 月中旬至 5 月上旬播种，华南地区一般在 2 月至 3 月播种，一般多在 10cm 地温稳定在 10℃时进行移栽。

四、种子处理

选择当年籽粒饱满、均匀有光泽、无病斑、无虫孔、无霉变、发芽率为 95%的种子。将经过筛选的种子放在阳光下晾晒严禁暴晒。用 72%农用链霉素可溶性粉剂 300~500 倍液浸种 24h 或用 0.1%~0.3%的高锰酸钾浸泡 2h 以减少病害，浸泡后用清水洗净晾干，再用 55℃水浸泡 15min 并不断搅拌，在水温降至 30℃时浸种 3~4h 后捞出，25~28℃下催芽，3~4d 后芽长 1cm 播种。

五、整地施肥

细致整地，采用平衡施肥，翻地时将肥料均匀地混入耕作层内，施足底肥，以利于根系吸收。根据土壤肥力确定施肥量，禁止使用化学合成肥料。每亩施入充分腐熟有机肥 3 000~5 000kg，过磷酸钙 50kg，草木灰 100kg 或硫酸钾 20kg 作基肥。撒施后深翻 30cm，耙细耙平，然后按 50~60cm 行距起垄，垄高 15cm。

六、直播或移栽

直播时按 30~35cm 行距开穴，每穴 3 株，可干播或坐水，播后镇压。为了缩短上市时间，可提前在温室里育苗，在生长季节到来时进行移栽。移栽方法与直播相似：幼苗 3~4 片叶时，按 30~35cm 行距开穴，明水法移栽。

七、田间管理

（1）水肥管理　移栽后 3~5d 幼苗即可缓苗。为使菜豆长势良好健壮，应创造一个疏松的土壤环境，爬蔓前视情况进行 2~3 次铲趟，松土培土。为避免因铲趟损伤茎叶花器，铲趟要在开花结荚盛期以前完成。有条件的话，进入植株开花结荚期进行灌水，每 10d 左右浇一水，隔一水施一肥。每亩追施复合肥 15~20kg，除此之外，还可增施一些微量元素钼肥，施用钼酸铵 0.25kg/亩。

（2）防止落花　菜豆虽然分化花芽量很大，但是在不良的外界条件下，如果花期遇到超过 30℃高温、大风、土壤干湿度不适、养分不足、弱光等，就会产生落花落荚现象。所以真正成荚的花芽比例很小。在生产上可通过加强田间管理等方式来防止落花落荚，还可以通过喷洒植物生长调节剂来防止落花落荚，如喷洒萘乙酸 5~25mg/L。

（3）植株调整　菜豆主蔓长至 20~30cm 时，需搭架引蔓。开花前，第一花序以下的侧枝打掉，中部侧枝长到 40cm 左右时摘心。主蔓接近架顶时进行落蔓，结荚后期，由于此时植株生长极为茂盛，应及时去除下部老蔓和病叶黄萎叶，以改善通风透光条件，促进侧枝再生和部分潜伏芽开花结荚。

第三节 豇 豆

一、栽培季节与茬口安排

豇豆主要作露地栽培，当 10cm 地温稳定通过 12℃以上即可直播。豇豆是适合盛夏栽培的主要蔬菜。并且春、夏、秋均可栽培，关键是选用适当的品种。对日照要求不严的品种，可在春、秋季栽培；对短日照要求严的品种，必须在秋季栽培。

二、品种选择

露地栽培应选择高产、优质、抗病、商品性好的中晚熟品种，如 901、五月鲜等。

三、整地施肥

种植豇豆宜实行轮作，尤以水旱轮作为佳。选择土层深厚、疏松、中性或微酸性，前作连续 2 年未种植豆科作物的田块种植，要求远离有"三废"污染的工厂，搞好农田基本建设，确保灌溉水不受污染。种植前彻底清洁田园，深耕晒畦，畦应南北向，以利于通风透光。结合整地，重施基肥，每亩施入充分腐熟有机肥 5 000kg，过磷酸钙 50kg，硫酸钾 15kg。撒施后深翻 20~30cm，使土肥混合均匀，整细耙平，然后按 60~75cm 行距起垄，垄高 15cm。

四、直播或移栽

豇豆可露地直播，播前应根据需要选好种子，并进行晒种。直播时如土壤湿度较好，可干籽播种。如土壤湿度较干，可坐水直播。为提高单产，可在播种时用根瘤菌拌种，拌种方法与菜豆相同。播种时行距 60~75cm，株距 25~30cm，每穴 3~4 粒种子，播后适当镇压。为了延长生育期，提高产量，可提前在温室内利用营养钵进行护根育苗。播种前先浇足底水，每钵点播种子 3 粒，覆土 2~3cm。播后白天保持 30℃ 左右，夜间 25℃ 左右。子叶展开后，日温保持 20~25℃，夜温 14~16℃。加强水分管理，防止苗床过干过湿。定植前 7d 低温炼苗。苗龄 20~25d，幼苗具 3~4 片真叶时可以进行移栽。每亩栽植密度为 3 000~4 000 穴。

五、田间管理

（1）水肥管理　豇豆移栽后在管理上应采取促控结合的措施，防止徒长和落荚。在豇豆的整个生长发育期，为了创造一个疏松、湿润、温暖的环境，应对其进行 2~3 次的中耕、除草。

施肥应以有机肥为主，最大限度地控制化肥的用量，按照平衡施肥的原则及时按需施用。使用的有机肥必须经过充分腐熟或无害化处理，符合《肥料合理使用准则》（NY/T 496）和《绿色食品肥料使用准则》（NY/T 394）的要求。追肥应在施足基肥的基础上，根据植株长相和需肥规律并结合天气来进行。移栽缓苗后，开花前随水追施硫酸铵 20kg/亩，过磷酸钙 30kg/亩，开花后，每 15d 左右叶面喷施 0.2% 磷酸二氢钾。

（2）植株调整　植株长至 30~35cm，主蔓长 30cm 左右时及时开始搭架绑蔓。主蔓第一花序以下萌生的侧蔓长到 3~4cm 时打掉，保证主蔓健壮生长。主蔓第一花序以上各节萌生的侧枝要留 1~2 片叶摘心，利用侧枝上发出的结果枝结荚。主蔓长至 15~20 节时打顶，促进主蔓中上部侧枝上的花芽开花结荚。

第四节　豌　豆

豌豆的嫩茎叶，也是苗类蔬菜的一种，又被称为"豌豆尖""龙须菜""龙须苗"，是以蔬菜豌豆的幼嫩茎叶、嫩梢作为食用的一种绿叶菜。在南方特别是江南地区最受欢迎，扬州人在岁首的餐桌上必摆上一盘豌豆苗，以表岁岁平安之意。

一、生产地一般性要求

生产地应远离干线公路、工厂等污染源，有便利的灌溉条件，土壤环境质量、大气环境质量和灌溉水质量应符合无公害农产品（食品）产地环境要求。土壤应为壤土或中壤土，不宜过沙或过黏，如土壤养分不足，应在前茬通过合理施肥进行调整。

清洁田园，土壤消毒。前茬作物为蔬菜或旱作的田块，作物收获结束后应及时消除残枝落叶，水源充足的地带先灌水淹田 3~5d，后耕翻晒白 7~10d，整地前每亩施石灰 50~100kg 或用 30% 土菌消 400~500g 拌细沙土 50kg 撒施，以杀灭残留土中的病虫源。

二、品种选择与处理

（1）品种选择　选用适合本地栽培，抗病虫能力及抗逆性较强，商品性好的丰产品种。用于生产豆苗的豌豆品种很多，应选择出芽率高、生长速度快、饱满、品质柔嫩的品种。冬天生产应选择脆嫩的白豌豆、青豌豆；夏季生产常用不易烂的灰豌豆、花白豌豆。浸种前应进行选种，剔除破残、虫蛀、不成熟的种子和杂质。

（2）选种　种子应进行精选，保证粒大、饱满、整齐、健壮、无损伤、无病虫害等。

（3）种子处理　种子播前用水浸泡 1~2h，待种子吸足水分后，在 5℃ 左右低温下处理 10d 左右。播种前种子应拌药（尤其是豆类连作田），可用种子重量 0.3% 的 75% 百菌清可湿性粉剂加 50% 多菌灵可湿性粉剂（1：1）混合拌种并密闭 48h 后播种，以延缓和减轻土传病害发生。

三、整地施肥

产地环境符合无公害蔬菜要求，前两茬未种过豆科作物。前茬清理完毕后，每亩施腐熟有机肥 2 000 ~ 3 000kg 或商品有机肥 1 000kg，三元复合肥（15：15：15）30kg 作基肥，耕翻后作畦，一般畦宽 2m（连沟），深沟高畦。

播种前整畦，把畦整成宽 70~80cm，沟宽 30cm 的深沟高畦，在畦中间开沟，沟中施入土杂肥与化肥混匀的基肥，一般每亩施厩肥 1 000 ~ 2 000kg、过磷酸钙 20~30kg，施后盖土。

四、播种

以秋播为主。选择吸水性能好的白纸在水中浸湿后平铺在干净的育苗盘上，然后用笊篱捞出种子，放入苗盘，并用双手摇动，使种子均匀分布，一般种粒应铺满底盘，并多出 1/4 ~ 1/3 层（拥有一定数量的基本苗，才能达到苗壮、高产的目的），即豌豆的播种量为 500 ~ 600g/盘。在播种的时候一定要挑出坏的种子和杂质。

播种期一般在 9 月上旬至 10 月底，出苗需 8~10d。播种时，如土壤干旱，在播前 2d 浇 1 次透水。条播，行距 18~20cm，将豌豆种均匀撒在畦面上已开好的浅沟内。每亩用种量 20~25kg，播后覆土 1~2cm，气温高时要覆盖遮阳网，以降温、保湿、促出苗。

平地播种，南北向，穴播。大小行种植，大行 35cm，小行 25cm，穴距 15~20cm，密度为 11 000 ~ 14 000穴/亩，每穴

2~4 粒，播深 2.5cm。土壤肥力较高的亩密度宜稀，土壤肥力较低的宜密，用种量 7.5~10kg/亩。

五、实施轮作

豌豆根部的分泌物对次年豌豆根系生育和根瘤菌的发育有不良影响，因此，忌常年连作，连作易发生根腐病造成严重损失。单种豆类一般需 2~3 年轮作间隔期，轮作可有效减少病虫害发生，减少使用农药，达到高产、优质、高效。

第五节　毛　豆

一、品种选择

改良 951、早冠、宁蔬 60 及从我国台湾引入的台湾 75、台湾 292 是目前生产上主要推广种植的品种。这些品种各有其不同的特征特性，适宜于多种模式的栽培。另外还可选用抗病、抗逆性强、优质丰产、商品性好的浙农 6 号、浙农 303、753 等品种。

二、播种前准备

（1）地块选择　选用有以下特征的壤土或沙壤土的田块用于种植，第一，所处的位置应该距离工矿区较远，而且还有良好的生态环境，污染源几乎不存在；第二，方便的排灌系统，较为深厚的土层，有较好的通透性；第三，土壤肥力要求在中等以上，具有较高的有机质含量，而且 pH 值 5~6。

（2）施基肥　在种植毛豆前必须施足基肥，增施有机肥，有效地改善土壤团粒结构，并对土壤肥力有了很好的提高。基肥以腐熟有机肥、蔬菜专用复合肥为主，每亩施有机肥 1 000~1 500kg，复合肥 50kg。在生长期间可视生长情况适时追肥。幼苗期根瘤菌尚未形成，可施腐熟的 10% 人粪尿 1 次，开花前如生长不良，可追施腐熟人粪尿 2~3 次，也可追施 0.3%~0.5%尿素。适时追肥，可以增加产量、提高品质。

（3）整地作畦　播种前要深耕土壤，及早整地作畦，一般畦面宽度（连沟）120cm，畦高 20cm 较为适宜。也可根据各地种植习惯和排灌条件而定。

三、播种

（1）播种期　比较适合于春播的气温是地温稳定大于 12℃，通常在 3 月中下旬至 4 月上旬。秋播宜在 7 月下旬至 8 月下旬。

（2）种子处理　播种前按种子量的 0.4%使用拌种，所用药剂是甲霜灵可湿性粉剂。做到即拌即播。

（3）合理密植　合理密植可以增加结荚数，促进豆粒饱满，提高产量。适宜密度应根据土壤肥力和耕作栽培等条件确定。一般每亩保苗 2 万株左右，株行距 22cm×22cm，每亩用种量 6~8kg。出苗后，及时查苗补播。采取保护地栽培，生育期缩短，可使早期产量提高 50%~80%。

四、田间管理

（1）间苗　一般在 2 片对生真叶展开后至第 1 片复叶完全展开前进行人工间苗，合理地控制种植密度和株行距。首先应拔除弱苗、小苗、病苗，再按照标准要求的株距或穴距进行一次性定苗。

（2）播后除草　播后用乙草胺进行土壤封闭处理。禾本科杂草 3~5 叶期用盖草能化除。在整个生育期间，松土除草 2 次。

（3）合理排灌　毛豆是作为一种作物，有既怕旱又怕涝的特性，要根据作物的需水规律、本地的气候和降雨特点等方面，做到"燥苗、湿花、干荚"。例如处于幼苗期，需要在水分上有较低的保持，这样对于发根有很好的促进作用；处于花芽分化期到开花结荚这段时间内，适当的浅水勤灌，让土壤一直保持湿润，可以防止落花落荚；在鼓粒期中，常常出现干湿交替现象，这样对于早衰也有很好的预防效果。

（4）追肥　幼苗期（出苗后1周）亩施尿素的用量为5~10kg或者是5%腐熟人类尿；依据苗情以及土壤肥力，初花期所施的复合肥用量应该为10~20kg；结荚期初期亩施尿素10kg、复合肥10kg，可适量喷施叶面肥，一般情况下每亩尿素的用量为100g、磷酸二氢钾的用量为100g和50kg的水混合搅匀调匀，在下午16：00对叶面进行相应的喷施。

第六章 葱蒜类无公害蔬菜 高效栽培技术

第一节 韭 菜

一、栽培季节与繁殖方式

韭菜适应性广又极耐寒，长江以南地区可周年露地栽培，长江以北地区韭菜冬季休眠，可利用各种设施进行设施栽培，供应元旦、春节及早春市场。长江流域一般春播秋栽，华南地区一般秋播次春定植。

韭菜的繁殖方式有两种：一种是用种子繁殖，直播或育苗移栽；另一种是分株繁殖，但生命力弱，寿命短，长期用此法，易发生种性退化现象。

二、直播或育苗

(一) 播种期

从早春土壤解冻一直到秋分可随时播种，而以春播的栽培效果为最好。春播的养根时间长，并且春播时宜将发芽期和幼苗期安排在月均气温在15℃左右的月份里，有利于培育壮苗。夏至到立秋之间，炎热多雨，幼苗生长细弱，且极易滋生杂草，故不宜在此期育苗。秋播时应使幼苗在越冬前有60余天的生长期，保证幼苗具有3~4片真叶，使幼苗能安全越冬。

（二）播前准备

苗床宜选在排灌方便的高燥地块。整地前施入充分腐熟的粪肥，深翻细耙，做成 1.0～1.7m 宽的高畦。早春用干籽播种，其他季节催芽后播种。催芽时，用 20～25℃ 的清水浸种 8～12h，洗净后置于 15～20℃ 的环境中，露芽后播种。

（三）播种方法

（1）播种育苗 干播时，按行距 10～12cm 开深 2cm 的浅沟，种子条播于沟内，耙平畦面，密踩一遍，浇明水。湿播时浇足底水，上底土后撒籽，播种后覆 2～3cm 厚的过筛细土。用种量为 7.5～10g/m²。

（2）直播 直播的一般采用条播或穴播。按 30cm 间距开宽为 15cm、深为 5～7cm 的沟，趟平沟底后浇水，水渗后条播，再覆土。用种量 3～4.5g/m²。

（四）苗期管理

湿播出苗后，畦面干旱时浇一小水或播后覆地膜增温保墒促出苗。干播出苗阶段应保持地面湿润。株高为 6cm 时结合浇水追一次肥，以后保持地面湿润，株高为 10cm 时结合浇水进行第二次追肥，株高为 15cm 时结合浇水追第三次肥，每次追施碳酸铵 150～225kg/hm²。以后进行多次中耕，适当控水蹲苗，防倒伏烂秧。

三、定植

春播苗于立秋前定植，秋播苗于次春谷雨前定植。定植前结合翻耕，施入充分腐熟的粪肥 75 000kg/hm²，做成 1.2～1.5m 宽的低畦。定植前 1～2d 苗床浇起苗水，起苗时多带根抖净泥土，将幼苗按大小分级、分区栽植。

定植方法有宽垄丛植和窄行密植两种，前者适于沟栽，后者适于低畦。沟栽时，按 30～40cm 的行距、15～20cm 的穴距，开深 12~15cm 的马蹄形定植穴（此种穴形可使韭苗均匀分布，利于分蘖），每穴栽苗20~30 株。该栽苗法行距宽，便于软化培土及其他作业，适于栽培宽叶韭。低畦栽，按行距为 15~20cm、穴距为 10~15cm 开马蹄形定植穴，每穴定植 8~10 株。由于栽植较密，不便进行培土软化，适于生产青韭。

定植深度以覆土至叶片与叶鞘交界处为宜，过深则减少分蘖，过浅易散撮。栽后立即浇水，促发根缓苗。

四、定植当年的管理

定植当年以养根为主，不收青韭。定植后连浇 2~3 次水促缓苗。缓苗后中耕松土，并将定植穴培土防积水。秋分后每隔 5~7d 浇一次水，保持地面湿润。白露后结合浇水每 10d 左右追一次肥，每次用碳酸氢铵 225kg/hm^2。寒露后减少浇水，保持地面见干见湿，浇水过多会使植株贪青，叶中养分不能及时回根而降低抗寒力。立冬以后，根系活动基本停止，叶片经过几次霜冻枯黄凋萎，被迫进入休眠。上冻前应浇足稀粪水。

五、第二年及以后的管理

（一）春季管理

早春应适当控水，加强中耕松土，增温保墒。返青前清除地面枯叶杂草，土壤化冻 10cm 以上锄松表土，培土 2~3cm 促返青。当韭菜发出新芽时追一次稀粪水，并中耕松土，株高为 15cm 时再浇一次水提高品质。沟栽的韭菜宜将垄间的细土培于株间，使叶鞘部分处于黑暗和湿润的环境中，加速叶鞘的伸长和软化。春季韭菜宜抢早上市，当韭菜长有 4 叶 1 心时即可割头刀，收割前一天浇水。割头刀 3~4d 后长出新叶时浇水追肥，以免引起根茎腐烂。以后刀刀追肥，以氮肥为主。

（二）夏季管理

控水养根，及时清除田间杂草，雨后排涝。除采种田外，抽出的花薹均应在幼嫩时采摘掉。

（三）秋季管理

秋分后每7~10d，结合浇水追一次肥，连续追肥2~3次。10月中旬后停肥，并减少浇水，保持地面见干见湿。10月下旬至11月上旬逐步停水，上冻前浇足稀粪水。

六、培土

韭菜因跳根使根茎逐渐向地表延伸，为此每年需要培土以加厚土层，保持生长健旺。培土宜在晴天中午进行，从大田取土过筛，覆土厚度依每年上跳高度而定，一般为2cm左右。

第二节　大　葱

一、茬口安排

大葱耐寒抗热，适应性强，且青葱产品收获期不严格，故可分期播种，均衡供应，尤其在南方地区。但冬储大葱的栽培季节比较严格，北方一般秋季播种育苗，翌年夏季定植，入冬前收获；南方地区可春播或秋播。

大葱忌连作，也不宜与其他葱蒜类蔬菜重茬，轮作年限3~5年。前茬宜选择小麦、大麦等粮食作物或春甘蓝、春花椰菜等蔬菜。

二、播种育苗

苗床宜选择土质疏松、有机质丰富的沙壤土，每亩施入腐熟农家肥4 000~5 000kg，过磷酸钙50kg，将整好的地做成85~100cm宽、600cm长的畦，育苗面积与大田栽植面积的比例一般为1：（8~10）。大葱播种一般可分平播（撒播）和条播（沟播）两种方式，撒播较普遍。采用当年新籽，每亩播种量3~4kg。苗期管理主要有间苗、除草、中耕、施肥和浇水。苗期追肥一般结合灌水进行，秋播育苗的，越冬前应控制水肥，结合灌冻水追肥，越冬期间结合保温防寒可覆盖粪土。返青后结合灌水追肥2~3次，每次每亩施尿素10~15kg。春播苗从4月下旬开始第一次浇水施肥，到6月上旬要停止浇水施肥，进行蹲苗、炼苗，使葱叶纤维增加，增强抗风、抗病能力。于栽植前10d施肥浇水，此次施肥为移栽返青打下良好基础，因此也称这次肥为"送嫁"肥。当株高为30~40cm，假茎粗为1~1.5cm时，即可定植。

三、整地作畦，合理密植

每亩施入腐熟农家肥2 500~5 000kg，耕翻整平后开定植沟，沟内再集中施优质有机肥2 500~5 000kg，短葱白品种适于窄行浅沟，长葱白品种适于宽行深沟。合理密植是获得高产、优质大葱的重要措施。一般长葱白型大葱每亩栽植18 000~23 000株，株距一般以4~6cm为宜，短葱白型品种栽植，每亩栽植20 000~30 000株。

四、田间管理

田间管理的中心是促根、壮棵和促进葱白形成，具体措施是培土软化和加强肥水管理。

（1）灌水　定植后进入炎夏，恢复生长缓慢，植株处于半休眠状态，此时管理中心是促根，应控制浇水；气候转凉后，生长量增加，对水分需求多，灌水应掌握勤浇、重浇的原则，每隔4~6d浇1水；进入假茎充实期，植株生长缓慢，需水量减少，此时保持土壤湿润；收获前5~7d停止浇水，以利收获和贮藏。

（2）追肥　在施足基肥的基础上还应分期追肥。天气转凉，植株生长加快时，追施"攻叶肥"，每亩施腐熟农家肥

1 500~2 000kg、过磷酸钙 20~25kg，促进叶部生长；葱白生长盛期，应结合浇水追施"攻棵肥"2 次，每亩施尿素 15~20kg、硫酸钾 10~15kg。

（3）培土　大葱培土是软化其叶鞘，增加葱白长度的有效措施，培土高度以不埋住葱心为标准。在此前提下，培土越高，葱白越长，产量和品质也越好。培土开始时期是从天气转凉开始至收获，一般培土 3~4 次。

第三节　洋　葱

洋葱又名球葱、圆葱、玉葱、葱头，属百合科葱属，洋葱为百合科葱属二年生草本蔬菜植物。洋葱在我国分布很广，南北各地均有栽培，而且种植面积还在不断扩大，是目前我国主栽蔬菜之一。我国已成为洋葱 4 个主产国（中国、印度、美国、日本）之一。洋葱是一种保健食品，中医认为，洋葱性平，味甘、辛，具有健胃、消食、平肝、润肠、利尿、发汗的功能。现代医学研究发现，洋葱含挥发油、硫化物、类黄酮、甾体皂苷类和前列腺素类等化学成分。

一、栽培季节

应根据当地的气候条件和栽培经验而定，江苏、山东及周边地区以 9 月上中旬播种为宜。晚熟品种可适当推迟 4~5d。

二、品种选择

所用品种应根据气候环境条件与栽培习惯进行选择。我国洋葱的主要出口国是日本，出口洋葱采用的品种一般由外商直接提供，现在在日本市场深受欢迎的品种有金红叶、红叶 3 号、地球等。

三、播种育苗

栽培地应选在地力较好、地势平坦、水资源较好的地区。

育苗畦宽为1.7m，长为30m（可栽植1亩），播种前每畦施腐熟农家肥200kg，用30ml 50%辛硫磷乳油加0.5kg麸皮，拌匀后撒在农家肥上防治地下害虫。再翻地，将畦整平，踏实，灌足底水，水渗后播种，每亩大田需种子120~150g，播后覆土1cm左右，然后加覆盖物遮阴保墒。苗齐后浇1次水，以后尽量少浇水。苗期可根据苗情适当追肥1~2次，并进行人工除草，定植前半个月适当控水，促进根系生长。

四、定植

（1）整地施肥与作畦　整地时要深耕，耕翻的深度不应少于20cm，地块要平整，便于灌溉而不积水，整地要精细。中等肥力田块（豆茬、玉米等旱茬较好）每亩施优质腐熟有机肥2t、磷酸二铵或三元复合肥40~50kg作底肥。栽植方式宜采用平畦，一般畦宽0.9~1.2m（视地膜宽度而定），沟宽为0.4m，便于操作。

（2）覆膜　覆膜可提高地温，增加产量，覆膜前灌水，水渗下后每亩喷施田补除草剂150ml。覆膜后定植前按16cm×16cm或17cm×17cm株行距打孔。

（3）选苗　选择苗龄50~60d，直径5~8mm，株高为20cm，有3~4片真叶的壮苗定植。苗径小于5mm，易受冻害，苗径大于9mm时易通过春化引发先期抽薹。同时将苗根剪短到2cm长准备定植。

（4）定植　适宜定植期为"霜降"至"立冬"。定植时应先分级，先定植标准大苗，后定植小苗，定植深浅度要适宜，定植深度以不埋心叶、不倒苗为度，过深鳞茎易形成纺锤形，且产量低，过浅又易倒伏，以埋住苗基部1~2cm为宜。一般亩定植2.2万~2.6万株，栽后再灌足水，浇水以不倒苗、畦面不积水为好。水渗下后查苗补苗，保证苗全苗齐。

五、定植后管理

（1）适时浇水　定植后的土壤相对湿度应保持在 60% ~ 80%，低于 60% 则需浇水。浇水追肥还应视苗情、地力而定，肥水管理应掌握"年前控，年后促"的原则，一般应"小水勤灌"。冬前管理简单，让其自然越冬。在土壤封冻前浇一次封冻水，次年返青时及时浇返青水，促其早发。鳞茎膨大期浇水次数要增加，一般 6 ~ 8d 浇 1 次，地面保持见干见湿为准，便于鳞茎膨大。收获前 8 ~ 10d 停止浇水，有利于贮藏。

（2）巧追肥　关键肥除生长期内施足基肥外，还要进行追肥，以保证幼苗生长。

①返青期。随浇水追施速效氮肥，促苗早发，每亩追施尿素 15kg、硫酸钾 20kg 或追 48% 三元复合肥 30kg。

②植株旺盛生长期。洋葱 6 叶 1 心时即进入旺盛生长期，此时需肥量较大，每亩施尿素 20kg，加 45% 氮磷钾复合肥 20kg，可以满足洋葱旺盛生长期对养分的需求。

③鳞茎膨大期。洋葱地上部分达到 9 片叶时即进入鳞茎膨大期，植株不再增高，叶片同化物向鳞茎转移，鳞茎迅速膨大，此期又是一个需肥高峰，特别是对磷、钾肥的需求明显增加。实践证明，每亩施 30kg 三元复合肥（15-15-15），可保证鳞茎的正常膨大。

第四节　大　蒜

一、土壤选择和茬口安排

产地环境条件应符合 NY 5010 — 2002 的规定。并应选择地势高燥、排灌方便、土层深厚、疏松、肥沃的沙壤和壤土田种植大蒜。

大蒜土传病害种类多，连作时对大蒜的为害大，栽培大蒜后的田块要经 2~3 年与非葱蒜类作物轮作后才能再种植大蒜，提倡进行水旱轮作。

二、品种选择及种子处理

（1）品种选择　以抗病、优质、高产的四川温红"红七星"大蒜为主。

（2）种子处理　选用经 0~5℃ 低温春化处理 60d 左右的蒜种。蒜种应摊开存放，防止种子发热烧芽。播前应进行蒜种精选，选择具有品种特征、无病虫和损伤的蒜瓣做种，并按种瓣大小分级，先用清水浸泡 1d，再用 50% 多菌灵可湿性粉剂 500 倍液浸种 12h，或用多菌灵拌种，1kg 50% 多菌灵加水 2.5kg，拌蒜瓣 50kg。

三、整地及施基肥

整地前每亩施充分腐熟的有机肥 2 000~3 000kg，翻地后每亩施氮、磷、钾养分含量为 10：10：10 的三元复混肥 60~70kg。整地按 2m 做厢，墒面宽 1.65m 左右。

四、播种

（1）播种时期　前作为蔬菜或玉米的田块，适宜播期为白露节令；前作为水稻的田块，应在水稻收获后及早播种。

（2）种植规格及密度　采用的株行距为（8~9）cm×（8~9）cm，每亩种植 6.5 万~8.6 万枚，保证最后基本苗在 6 万~8 万苗。蒜种按大小分开种植，种瓣大的多形成丫蒜，播种宜稀；种瓣小的以产独蒜为主，播种宜密。

（3）播种方法　采用"蒜踏"打孔点播，播后起沟土覆盖。大蒜盖土宜浅不宜深，以 3~4cm 为宜。

第七章　根茎类无公害蔬菜
高效栽培技术

第一节　萝　卜

萝卜有很多优良品种，各品种的栽培、用途和对环境条件的适应性都有差异，故利用品种的特性，选择适宜的品种，进行多季节栽培，可高产优质和全年供应。长江中下游地区依播种生长季节分为秋季栽培、夏季栽培和春季栽培，其中以秋季栽培为主。近年由于生食萝卜需求增加，春、夏萝卜的栽培面积有所扩大。

一、秋季栽培技术

1. 秋萝卜品种

秋萝卜可分为早秋萝卜和晚秋萝卜。早秋萝卜多选用生长期短、上市早的圆萝卜，如宁波圆白、昆山圆白，还有一点红萝卜、红妃樱桃萝卜、成都满身红萝卜、弯腰青水果萝卜、露头青萝卜等。晚秋萝卜严冬前采收的品种有美浓早生大根、白玉春、秋成2号大根、浙大长、夏美浓3号、夏美浓4号、天春大根等。露地越冬宜选用肉质根全埋或微露土面的品种，如太湖晚长白、杭州迟花萝卜、上海筒子萝卜等。

2. 选地

萝卜品种有长根型和短根型之分，长根型品种选择土层深厚、土质疏松的沙壤土或沙土；肉质根全部或大部深埋于土中的品种，选地要求更高。短根型品种不如长根型品种要求严格。萝卜不宜连作，应尽量避免与十字花科蔬菜连茬种植。

3. 整地

播种前数天进行深耕晒垡。每亩施腐熟有机肥2 000～2 500kg、过磷酸钙20～30kg、硫酸钾30～40kg作基肥。复耕1～2次后作高畦，畦宽连沟为1.5m。畦长保持15m左右，超过15～20m的要增加横沟（俗称腰沟），横沟深度应超过畦沟，并与排水沟相通。

4. 播种

圆根型品种多行条播，行距为30～40cm，株距为20cm，每亩用种量300～400g；樱桃萝卜一般采用撒播，每亩用种量800～1 000g。长根型品种按行点播，行距为40～50cm，株距为30～40cm，每穴播种子1～2粒，每亩用种量200～300g。播种时如果土壤水分不足，播前先浇水，或播后轻浇水。播种后盖土厚度约2cm。覆土过浅，土壤易干，且出苗后易倒伏，造成胚轴弯曲、根形不直；覆土过深，影响出苗的速度，还影响肉质根的长度和颜色。

5. 管理

出苗后间苗要及时，一般进行2次，2片真叶时第一次间苗，在4～5片真叶时第二次间苗，同时结合定苗。萝卜施肥以基肥为主，追肥宜早，第一次间苗后追施一次氮肥，定苗后再施一次，以后不再追肥，以免引起叶丛徒长，影响肉质根的膨大。萝卜叶面积大而根系弱，抗旱力较差，需适时适量供给水分。如果遇干旱要及时浇水，保持土壤湿润。生长前期缺水，叶片不能充分长大，产量低，需要小水勤浇；叶片生长盛期，不干不浇，地发白才浇，但水量较之前要多；根部生长盛期应充分均匀供水，保持土壤湿度为70%～80%；根部生长后期仍应适当浇水，防止出现空心；肉质根膨大盛期，空气湿度为 80%~90%，则品质优良。秋萝卜要进行中耕除草，间苗、定苗时各进行一次，同时结合清沟进行培土。

6. 采收

早秋萝卜播种后 50~60d 采收，可达到一定产量又保持其良好品质。收获期不宜过迟，否则会出现空心。晚秋萝卜根部大部露在地上的品种，都要在霜冻前及时采收；而根部全部在土中的迟熟品种，要尽可能延迟收获，以提高产量。需要贮藏的萝卜，在土壤封冻前采收，以防止贮藏中形成空心。萝卜采收后即上市的，可切除叶丛。如果需贮藏的，可留一小段叶柄，防止肉质根受伤腐烂。

二、夏秋栽培技术（夏秋萝卜）

1. 品种选择

夏秋萝卜品种如果选用不当，会影响产量。夏秋期间温度高，病虫为害多，所以宜选用耐热、抗病的品种，例如热抗40、夏长白 2 号、南京五月红、四季满身红、天春大根等品种。

2. 整地作畦

选择前茬非十字花科作物，地势高爽，排灌两便的沙壤土或壤土为宜。高畦栽培，三沟配套，夏季栽培品种生育期较短，每亩施腐熟有机肥 2 000kg，25% 蔬菜专用复合肥 20kg，撒施均匀后进行旋耕，作畦同秋季栽培。

3. 播种

夏萝卜一般在 5—6 月间播种，采取条播，行株距均为20~30cm。

4. 管理

夏季栽培为防暴雨冲刷，可采取搭小拱棚或适当遮阳网覆盖栽培，田间干旱需及时浇水。浇水注意尽量在傍晚进行，台风暴雨要及时排干田间积水，做到雨停沟干。其他管理措施同秋季栽培。

5. 采收

一般夏季栽培品种生育期较短，60d 左右可以收获，要注意及时采收，以防糠心。

三、春季栽培技术（春萝卜）

1. 品种

春萝卜选用生长期短、冬性较强的品种，如四季萝卜类中的上海小红、一点红萝卜、特新白、南京扬花萝卜、春白、改良春玉、春大星、旱红萝卜、樱桃萝卜和天春大根等品种。

2. 选地、整地

同秋季栽培。

3. 播种

春萝卜播种期在 2 月中旬至 3 月下旬，冬性强的品种如上海小红于 2 月中下旬至 3 月播种，扬州小红、天春大根等以 3 月播种为宜，过早，容易先期抽薹。春萝卜短根型小萝卜品种可采取撒直播，每亩用种量 600~800g。其余品种都取条播或穴播，每亩用种量 300~400g。

4. 管理

同秋季栽培。

5. 采收

短根型小萝卜品种播种后 50~60d 采收。上市时可将 3~5 只萝卜连同叶片扎成一束。樱桃萝卜 20~30d 采收，8~10 只扎成一束。

第二节 胡萝卜

胡萝卜为伞形花科一二年生草本植物，原产中亚细亚、欧洲及非洲北部地区，栽培历史在 2 000 年以上。元代初期传入我国，在南北方都有栽培。由于其栽培方法简单、病虫害少、适应性强、耐贮藏而大量栽培，是冬季主要的贮藏蔬菜之一。

一、栽培季节与茬口安排

胡萝卜一般分为春、秋两季栽培，以秋季为主。少数地区有春、夏、秋三季栽培。秋胡萝卜多于 7—8 月播种，11—12 月收获。春胡萝卜多于 2 月播种，5—7 月收获。夏胡萝卜主要在北方或高山气温较低的地区栽培，其播种期可比秋胡萝卜提前15~20d。

二、秋胡萝卜栽培技术

（1）整地、施肥、作畦 前茬作物采收后及时清园，深耕细耙，耕地时每亩施入腐熟细碎农家肥 3 000~4 000kg，草木灰 100~200kg，过磷酸钙 10~15kg 作基肥。一般作平畦，畦宽为 1.2~1.5m。

（2）播种 华北地区一般在 7 月上旬至中旬播种，11 月上中旬收获。长江中下游地区于 8 月上旬播种，11 月底收获。广东、福建等地于 8—10 月可随时播种，冬季随时收获。高纬度地区播种期可适当提早，如新疆北部地区应于 6 月上旬播种，10 月初收获。由于胡萝卜是以果实（双悬果）作播种材料，果皮革质不易透水，上面还有刺毛，而且许多果实种胚发育不全，因此种子的发芽率较低，一般只有 70% 左右，陈年种子发芽则更差。所以必须选用新种子，播前搓去果实表面的刺毛，再经浸种催芽处理，然后播种。播种方法有撒播与条播两种，撒播每亩需种子 1~1.5kg；条播按行距为 17cm 开沟，沟深为 3~4cm，先沿沟浇底水造墒，待水渗入土壤后将种子播入，覆土 1~2cm 并稍加镇压。

（3）田间管理　条播或撒播的幼苗出土后及时间苗。在两三片真叶时进行第一次间苗，株距为 3cm，并在行间进行浅中耕，促使幼苗生长。幼苗四五片真叶时进行第二次间苗，保持株距为 10~17cm，并进行中耕除草一次。早熟品种、小型肉质根品种适当密些，反之则稀些。一般追肥两次，第一次追肥在幼苗三四片真叶时进行，每亩可追施硫酸铵 2~4kg、过磷酸钙 3~3.5kg、钾肥 1.5~2kg。第一次追肥后 20~25d 进行第二次追肥，每亩施入硫酸铵 7kg、过磷酸钙 3~3.5kg、氯化钾 3~3.5kg。胡萝卜的抗旱性较萝卜强，但整个生长期都应保持土壤湿润，以利于植株生长和肉质根形成。在夏、秋干旱时，特别是在肉质根膨大时，要适量增加浇水，才能获得优质、高产。若供水不足，根部瘦小粗糙；供水不匀，肉质根易开裂。

（4）采收　胡萝卜收获期一般在肉质根充分膨大后为宜，此时植株地上部心叶呈黄绿色，外叶稍有枯黄。过早收获，产量低，味淡不甜；收获过晚，肉质根易硬化或受冻害。华北地区秋胡萝卜多在 10 月中下旬始收并陆续上市。准备贮藏的，可在 11 月上中旬收获。

三、春胡萝卜栽培技术

春胡萝卜一般于春季播种，夏季收获。由于这一茬口外界气温先低后高，不符合胡萝卜生长发育对环境条件的要求，容易发生未熟抽薹，再加之生长期短，产量较低。如果采取一定的技术措施，管理得当，也能获得较好的经济效益。第一，应选择耐低温、冬性强、不易抽薹的品种，如三寸、五寸、黄胡萝卜等品种；第二，合理安排播种期，当外界平均气温稳定在 6~8℃时要及早播种，有条件的可进行简易保护设施栽培；第三，播前对种子进行浸种催芽处理，以提高发芽率和出苗速度；第四，最好采用垄作，以利于提高地温，也可进行畦播。垄作时垄高为8~10cm，垄顶开1~1.5cm浅沟进行条播，条播后覆土1~1.5cm，稍加镇压，最后垄上覆盖地膜。出苗齐苗后揭去地膜；第五，在田间管理上前期以增温、保湿为主，后期随植株生长可加大肥水管理。

第三节　马铃薯

马铃薯，又名土豆、荷兰薯、洋芋、山药蛋等，为茄科茄属一年生草本。是茄科茄属中能形成地下块茎的一年生草本植物。食用器官是块茎，具有营养丰富、高产高效、生育期短、粮菜兼用的特点。

一、整地施肥

尽量选择地势平坦、土层肥厚、微酸性的壤土茬。忌与茄科作物（如番茄、茄子、辣椒等）轮作，马铃薯是高产喜肥作物，需施足基肥。结合翻地施入腐熟农家肥每亩5 000kg，过磷酸钙每亩25kg，硫酸钾每亩15kg。依当地气候条件可垄作、畦作或平作。

二、品种选择

根据气候特点，选择高产、抗病、优质、商品性好，春播秋收的脱毒马铃薯品种。北方应选中熟丰产良种，如克新系列、高原系列、东农303、克新2号、克新6号、大西洋等。在中原地区，需要选择对日照长短要求不严的早熟高产品种，而且要求块茎休眠期短或易于解除休眠，对病毒性退化和细菌性病害也要有较强的抗性，如克新4号、鲁薯1号、中薯2号、中薯5号、费乌瑞它等。

三、种薯处理

选择薯皮光滑，颜色鲜正，大小适中，无病、无冻害、芽眼多、薯形正常的薯块作种薯，用种量每亩 120~150kg。在播种前20~30d 催芽。催芽前晒种利于早发芽、发壮芽。于晴天 10：00—15：00 时把筛选好的薯种放在棚架、草苫或席上，让太阳光直接照射，晒 2~3 次。

切薯块在催芽前 1~2d 进行，每块至少要有 1 个芽眼，块重 25~50g。薯块切面若发现有乳黄色环状或枯竭变黑等症状时，应丢弃该种薯，并用 1%高锰酸钾或福尔马林或 800 倍液 50%多菌灵或 70%酒精液擦涂茬体，或用水冲洗茬体，避免茬体污染其他种薯。切块后用50%多菌灵 500 倍液或 0.05%高锰酸钾溶液浸种 5~10min，捞出晾干用草木灰拌种，具有补钾、抗旱、抗寒、抗病虫的作用。

稍晾即可催芽。在 15~18℃ 温度条件下暖种催芽每亩 10~15kg。

当芽长至 1~2cm 时，即可在大田中移栽播种。

四、播种

播种前 3~4d，可将发芽的种块放在阳光下晾晒，薯芽变绿并略带紫色即可播种，注意温度应保持在 10~15℃，使芽粗壮，提高抗逆性。春播马铃薯应适时早播，一般来说，应当以当地终霜日期为界，并向前推 30~40d 为适宜播种期。播种时行距 30cm，株距 30~33cm，窝深 10cm，马铃薯芽眼朝下，然后覆土 3cm 左右。栽植 4 500~5 000株/亩。播前土壤墒情不足，应在播前造底墒，或于播种后浇水。

五、田间管理

小苗出土后引苗露出地膜上，苗四周培土似露非露，严防烧苗、毁苗的损伤，也有利于保墒增温。苗期结合浇水施提苗肥，每亩施尿素 15~20kg，浇水后及时中耕，中耕一般结合培土，可防止"露头青"，提高薯块质量。发棵期控制浇水，土壤不旱不浇，只进行中耕保墒，植株将封垄时进行大培土。培土时应注意不要埋没主茎的功能叶。结薯期土壤应保持湿润，尤其是开花前后，防止土壤干旱。在马铃薯始花期到盛花期用 5ml 烯效唑 1 支对水 8L，用量每亩 30ml，均匀喷洒在植株上，可起到增强植株抗性、减轻病害、防止徒长、提早成熟和提高产量的作用，一般可增产 10%~15%。追施钾肥以现蕾初期效果最佳，每亩施入硫酸钾 10~15kg，块茎产量提高显著。

第八章 食用菌类无公害蔬菜高效栽培技术

第一节 平 菇

一、平菇生料

(一) 平菇栽培方法概述

(1) 依据对培养料的处理方式可分为：生料栽培、发酵料栽培、熟料栽培。

(2) 依据栽培容器的不同可分为：塑料袋栽培、瓶栽、箱栽等。

(3) 依据栽培场所的不同可分为：阳畦栽培、塑料大棚墙式栽培、床架栽培、林间畦栽、窑洞栽培等。

(二) 平菇生料栽培

1. 生料栽培的概念

生料栽培是指对培养料经药物消毒灭菌，或未经消毒而通过激活菌种活力并加大菌种用量来控制杂菌污染，完成食用菌栽培的方法。

2. 培养料配制

要求主料占 85%~90%，辅料占 10%~15%，料水比为1:1.5。

例：玉米芯 87%，麦麸 10%，石膏粉 1%，石灰粉 2%。

3. 培养料药剂消毒灭菌

生产中常用的消毒药物及药量为：多菌灵 0.1%，食菌康 0.1%，威霉 0.1%。

4. 播种

将菌种投放于培养料的过程称为播种，它与接种有不同之处。播种时要洗手、消毒，各种播种用具也要消毒。生产中常用的播种方法有以下几种。

（1）混播　将菌种掰成蚕豆大小的粒状，与培养料混合均匀后铺床或装袋，并在床面或料袋的两端多播一些菌种。床栽时，播种后可用塑料薄膜覆盖床面，但要注意通气。袋栽时，袋口最好用颈口圈并加盖牛皮纸或报纸。

（2）层播　将菌种掰成蚕豆大小的粒状，播种时一层培养料一层菌种，并在床面或料袋的两端多播一些菌种。

（3）穴播　当菌种量较少时，为使播种均匀，可在床面上均匀打穴，播入菌种。

5. 发菌

即菌丝体培养的过程，和菌种培养的不同之处在于生料栽培的发菌只能采用低温发菌，发菌温度不得高于 18℃。

6. 出菇管理

在适宜的条件下，通常约 30d 左右，菌丝即可吃透培养料，几天后菌床或菌袋表面出现黄色水珠，紧接着分化出原基，这时就应进行出菇管理。

（1）温度的调控　一般在菌丝吃透培养料后，应给予低于 20℃ 以下的低温和较大的温差，这有利于子实体的分化。

（2）湿度的管理　出菇阶段要保持空气湿度为 85% ~ 90%，可对地面洒水，可对空间喷雾。

（3）通风换气　平菇在子实体生长发育阶段，若通风不良，则会产生菌盖小、菌柄长的畸形菇，甚至出现菌盖上再生小菌盖的畸形菇。但通风时应有缓冲的过程，不能过于强烈。

（4）光照的控制　在子实体生长发育阶段应给予一定的散射光，光线太暗也会出现畸形菇。

7. 采收

平菇的采收期要根据菇体发育的成熟度和消费者的喜好来确定，一般应在菌盖尚未完全展开时采收，最迟不得使其弹射孢子。

二、平菇熟料

（一）熟料栽培的概念

熟料栽培是指对培养料经过高温高压或常温常压消毒灭菌后，通过无菌操作进行接种来完成食用菌栽培的方法。

1. 培养料配制

和生料栽培相比，熟料栽培的辅料比例有所提高，一般主料占80%，辅料占20%，料水比约为1:1.5。拌料一定要均匀，否则，等于改变了培养料的配方。生产中常用的培养料配方有以下几种。

（1）阔叶树木屑50%，麦草30%，玉米粉10%，麸皮8%，石膏粉2%。

（2）玉米芯77%，麸皮20%，过磷酸钙1%，石膏粉2%。

（3）棉籽壳90%，麸皮8%，白糖1%，石膏粉1%。

2. 装袋

塑料袋可选用17cm×38cm或24cm×45cm的聚乙烯塑料袋，可用手工装袋，有条件的可用装袋机装袋。装袋时要松紧适宜，严防将塑料袋划破，袋口用细绳扎住。

3. 灭菌

常温常压灭菌时，要求料温达100℃时开始计时，在此温度下维持 10~12h，灭菌一定要彻底，否则会造成无法弥补的损失。

4. 接种

灭菌后将料袋搬入接种室，并对接种室熏蒸消毒约 24h，等料温降到 20℃左右时即可接种。接种时一定要严格遵守无菌操作规程，打开袋口，将菌种接种于料袋的两端，并立即封口，速度越快越好。用颈口圈封口有利于发菌。

5. 发菌

将接种好的料袋搬入发菌室，给予菌丝体生长的最适宜的环境条件，约 30d 左右，菌丝吃透料袋。

6. 出菇管理

可打开袋口，码成 5~6 层的菌墙出菇，也可脱袋覆土出菇。覆土出菇时覆土的厚度 2~3cm，并浇透水。也可脱袋后用泥将菌柱砌成菌墙出菇，可以提高产量。其他管理同生料栽培。

第二节 香 菇

一、栽培季节

南方地区一般在秋季栽培，冬春季节出菇。北方地区一般在春季 1—4 月发菌栽培，避开夏季，秋冬季节出菇。

二、培养料配方

常用的配方是：木屑 83%、麸皮 16%、石膏 1%，另加石灰 0.2%，含水量 55%左右。

三、栽培袋制作

常用 18cm×60cm 的聚乙烯塑料菌袋，装袋有手工装袋和机器装袋。栽培量大，一次灭菌达到 1 000 袋以上的最好用机器装袋。装袋机工效高达 300~400 袋/h。装袋时都要求装的料袋一致均匀，手捏时有弹性、不下陷。料袋装满后，要及时扎口。装完袋，要立即装锅灭菌，不能拖延。常压灭菌时，要做到在 5h 内温度达到 100℃，维持 14~16h，闷一夜。

四、栽培管理

（一）打穴接种

一般采用长袋侧面打穴接种法，4 个人配合操作。第一个人用纱布蘸少许药液（75%酒精：50%多菌灵 = 20：1）在料袋表面迅速擦洗一遍，然后用锥形木棒或空心打孔器在料袋上按等距离打上 3 个接种穴，穴口直径为 1.5cm，深 2cm，再翻过另一面，错开对面孔穴位置再打上 2 个接种穴；第二个人用无菌接种镊子夹出菌种块，迅速放入接种孔内；第三个人用（3.25~3.6）cm×（3.5~4.0）cm胶片封好接种穴；第四个人把接种好的料袋搬走。边打穴，边接种，边封口，动作要迅速。

（二）发菌管理

井字形堆叠，每层 4 袋，4~10 层。发菌时间为 60d 左右，期间翻堆 4~5 次。接种 6~7d 后翻第一次，以后每隔 7~10d 翻一次，注意上下、左右、内外翻匀，堆放时不要使菌袋压在另一菌袋的接种穴上。温度前期控制在 22~25℃，不要超过28℃，后期要比前期温度更低。15d 后，将胶片撕开一角透气。再过一周后，如生长明显变慢则在菌落相接处撕开另一角。在快要长满时，用毛衣针扎 2cm 左右的深孔。

（三）转色管理

脱袋转色包括脱袋、排筒和转色。

1. 脱袋

当菌龄达到 60 多天时，菌袋内长满浓白菌丝，接种穴周围出现不规则小泡隆起，接种穴和袋壁部分出现红褐色斑点，用手抓起菌袋富有弹性感时，表明菌丝已生理成熟，此时脱去菌筒外的塑料袋，移到出菇场地正好排筒。

2. 排筒

排放于横杆上，立筒斜靠，菌筒与畦面呈 60°~70°角，筒与筒的间距为 4~7cm，排筒后立即用塑料薄膜罩住。

3. 转色

转色是非常关键的时期。转色前期的管理：脱袋 3~5d，尽量不掀动塑料膜，5~6d 后，菌筒表面将出现短绒毛状菌丝，当绒毛菌丝长接近 2mm 时，每天掀膜通风 1~2 次，每次 20min，促使绒毛菌丝倒伏形成一层薄的菌膜，开始分泌色素并吐出黄水。当有黄水时应掀膜往菌筒上喷水，每天 1~2 次，连续 2d。转色后期管理：一般连续一周菌筒开始转色，先从白色转成粉红色，再转成红褐色，形成有光泽的菌膜，即人工树皮，完成转色。

（四）出菇管理

一般接种后 60~80d 即可出菇。秋冬春三季均可出菇，但不同季节的出菇管理不一样。

1. 催菇

袋料栽培第一批香菇多发生于 11 月，这时气温较低，空气也较干燥，所以催菇必须在保温保湿的环境下进行。催菇的原理是人工造成较大的昼夜温差，满足香菇菌变温结实的生理要求，因势利导，使第一批菇出齐出好。操作时，在白天盖严薄膜保温保湿，清晨气温最低时掀开薄膜，通风降温，使菌筒"受冻"，从而造成较大的昼夜温差和干湿差。每次揭膜 2~3h，大风天气只能在避风处揭开薄膜，且通风时间缩短。经过 4~5d 变温处理后，密闭薄膜，少通风或不通风，增加菌筒表面湿度，菌筒表面就会产生菇蕾。此时再增加通风，将膜内空气相对湿度调至 80%左右，以培养菌盖厚实、菌柄较短的香菇。催菇时如果温度低于 12℃，可以减少甚至去掉荫棚上的覆盖物，以提高膜内温度。

2. **出菇管理**

（1）初冬管理　11—12 月，气温较低，病虫害少，而菌筒含水充足，养分丰富，香菇菌丝已达到生理成熟，容易出菇。采收一批菇后，加强通风，少喷水或不喷水，采取偏干管理，使菌丝休养生息，积累营养。7~10d 后再喷少量清水，继续采取措施。增加昼夜温差和干湿差距，重新催菇，直到第二批菇蕾大量形成，长成香菇。

（2）冬季管理　第二年的 1—2 月进入冬季管理阶段。这时气温更低，平均气温一般低于 6℃，香菇菌丝生长缓慢。冬季管理要加强覆盖，保温保湿，风雪天更要防止荫棚倒塌损坏畦面上的塑料薄膜和菌筒。暖冬年景，适当通风，也可能产生少量的原菇或花菇。

（3）春季管理　3—5 月，气温回升，降雨量逐渐增多，空气相对湿度增大。春季管理，一方面，要加强通风换气，预防杂菌；另一方面，过冬以后，菌筒失水较多，及时补水催菇是春季管理的重点。先用铁钉、铁丝或竹签在菌筒上钻孔，把菌筒排列于浸水沟内，上面压盖一木板，再放水淹没菌筒，并在木板上添加石头等重物，直到菌筒完全浸入水中。应做到 30min 满池，以利于上下菌筒基本同步吸水，浸入时间取决于菌筒干燥程度、气温高低、菌被厚薄、是否钻孔、培养基配方以及香菇品种。如 Cr-20 的浸水时间就应比 Cr-02 的浸水时间长些。一般浸水 6~20h，使菌筒含水量达到 55%~60%为宜。然后将已经补足水分的菌筒重新排场上架，同时覆盖薄膜，每天通风 2 次，每次 15min 左右，重复上述变温管理，进行催菇。收获 1~2 批春菇后，还可酌情进行第二次浸水。浸泡菌筒的水温越低，越有利于浸水后的变温催菇。通过冬春两季出菇，每筒（直径 10cm，长 40cm 左右）可收鲜菇 1kg 左右。这时，菌筒已无保留价值，可作为饲料或饵料。如果栽培太晚或者管理不善，前期出菇太少，在菌筒尚好、场地许可的条件下，可将其搬到阴凉的地方越夏，待气候适宜时再进行出菇管理。

第三节　鸡腿菇

一、栽培场所

鸡腿菇的栽培场所可因地制宜，尽量利用闲置房屋及空闲地，也可利用日光温室进行地栽或与蔬菜、果树等作物套栽。

（1）在菇房内搭多层床架栽培。

（2）日光温室内地栽或者与其他作物套栽。

（3）露地搭小拱棚畦栽。

（4）空闲地（如房屋前后，林、果树下等）搭荫棚或小拱棚栽培。

二、栽培季节确定和菌种制备

（1）栽培季节确定　鸡腿菇子实体生长的适宜温度为 20℃左右，自然条件下确定栽培季节的关键是子实体的生长温度，鸡腿菇的出菇期安排在当地气温稳定在 10℃ 以上的季节。固原市鸡腿菇栽培季节的确定主要考虑低温，出菇期安排在当地气温（或室温、棚温）稳定在 10℃ 以上的季节，夏季虽有高温（高于 24℃）但持续时间不长，可采取遮阴、通风或喷水等措施调节，如果高温幅度大、持续时间长，可停止出菇，等气温稳定后再进行管理。

（2）菌种制备　选用适合本地气候、产量高、品质优、商品性好的优良菌株，按栽培季节，培育出足量、健壮、纯正、适龄的优质栽培种，无条件制种的可向制种厂家定购适龄的栽培种。

（3）熟料制作

①培养料配制参考配方

A. 棉籽壳 87%，米糠（或麸皮）10%，尿素 0.5%，石灰 1.5%，石膏 1%。

B. 玉米芯（粉碎）87%，米糠（或麸皮）10%，尿素 0.5%，石灰 1.5%，石膏 1%。

C. 麦草（粉碎）47%，玉米芯（粉碎）40%，米糠（或麸皮）10%，尿素 0.5%，石灰 1.5%，石膏 1%。

D. 棉籽壳 40%，玉米芯（粉碎）46%，米糠（或麸皮）10%，尿素 0.5%，糖 1%，石灰 1.5%，石膏 1%。

配制方法：按照配方将所有原料充分拌匀，再调水，使含水量达 60%~65%，以手紧握培养料指缝有水渗出但不滴下为度，加石灰使培养料 pH 值调为 8 左右。

②装袋、灭菌。塑料袋选择宽 17~23cm、长 40~45cm、厚 0.04cm 的聚丙烯（高压灭菌）或聚乙烯（常压灭菌）袋，用手工或装袋机装料，要求装料均匀，松紧适度，袋两头用扎绳扎紧，装好的袋应立即灭菌（高压 4kg/cm^2，保持 5~3h；常压 100℃，保持 10~12h）。

③接种、发菌。灭菌后的料袋冷却后搬入接种室或接种箱，严格消毒后进行两头接种，接种量以完全覆盖袋口料面为好，袋两头用扎绳扎口，但不宜过紧，最好用套环，通气盖封口。接好种的菌袋搬入 24~26℃ 的温度下发菌，菌袋码放可以根据发菌温度灵活掌握，温度高码放的层数要少，袋间距离大，温度低可码放大堆，但要经常检查，防止烧菌，一般 30d 左右菌丝可长满袋。

（4）发酵—熟料制作

①培养料配制。参考配方：

A. 棉籽壳 76%～87%，干牛粪 10%～20%，尿素 0.5%～1%，石灰 1.5%～2%，石膏 1%。

B. 麦草（粉碎）37%，玉米芯 40%，干鸡粪 10%，米糠 10%，石灰 2%，石膏 1%。

C. 玉米芯（粉碎）77%，干鸡粪 10%，米糠 10%，石灰 2%，石膏 1%。

配制方法：先将干粪粉碎，将等量麦草或玉米芯或棉籽壳，充分拌匀，使含水量为 65% 左右，堆成高 1m、宽1.2～5m 的堆进行发酵，当温度达到 60℃ 时翻堆，共翻 2～3 次，再与其他原料拌匀，并调水至含水量 65% 左右，建成高 1m、宽 1.2～5m 的堆，温度至 60℃ 翻堆 2 次。

②装袋灭菌。装袋同熟料，装好的料袋用常压灭菌（100℃，保持 4～6h）。

③接种、发菌（同熟料）。

（5）发酵料制作

①培养料配制。参考配方：

A. 棉籽壳 80kg，干牛粪 20kg，尿素 0.5～1kg，磷肥 2kg，石灰 3kg，水 150～160kg。

B. 玉米秆 60kg，棉籽壳 20kg，干牛粪 20kg，尿素 1kg，磷肥 2kg，石灰 3kg，水 150～160kg。

配制方法：将各种原料充分拌匀，建成高 1m、宽1.5m的堆，覆盖薄膜发酵，当温度达 60℃ 时保持 12h，共翻 2～3 次。最后一次翻堆时喷杀虫剂，盖严膜杀虫。

②拌种装袋。将料摊开降至常温（26℃ 以下），拌上 10%～20% 的菌种，及时装袋，移至 20℃ 以下的环境中发菌，20～30d可发满。

（6）脱袋排床（以菇棚地面栽培为例） 搬袋前 2～3d 整平菇棚的地面，用杀虫剂和杀菌剂对菇棚进行杀虫、消毒处理，并在地面上撒适量的石灰粉。再将发满菌丝的菌袋搬入菇棚，剥去塑料袋，排放菌床，菌床南北向，北面距墙70cm左右，南面空出30cm左右，菌棒的长向与菌床的宽向平行，棒与棒间留5cm左右的间隙，每一菌床排放两列菌棒，列间紧靠不留间隙，两菌床之间留25~30cm（作为走道和浇水渠）。

（7）覆土、洗水　菌床排好后，用处理好的土壤（土中拌2%石灰，再用1%DDV和2%高锰酸钾或多菌灵喷洒，盖严闷堆3~4d）填满菌棒间隙，床面及边缘再覆3~4cm厚的土壤，然后向床间走道及南面走道浇水，使水渗透菌床，边渗边向床面及床缘补土，保持3~4cm厚的覆土。

（8）保温、吊菌　待床面覆土不黏手时立即整平床面，覆盖薄膜保湿吊菌，吊菌期间菇棚温度为21~26℃，每天揭膜适量通风1~2次，促使菌丝向土中生长，以菌丝长透整个覆土层为好。

（9）通风、催蕾　当菌丝长满、长透覆土层后，加大菇棚通风量，并适量向床面喷水（若土层湿度大可不喷水），促使菌丝扭结形成菇蕾。

（10）二次覆土　二次覆土可使鸡腿菇的出菇部位降低，延长子实体在土中的生长时间，菇体个头大，肉质紧实，品质提高。当菌床扭结并有少量菇蕾时，再向床面覆盖1.5~2cm处理好的湿土（与第一次覆土处理方法一样，调水至手握成团但不黏手为宜）。

（11）出菇管理　出菇期保持床面覆土湿润，并加强通风换气，当床面土壤较干时，向床间走道和南面渠道灌水，水面高度要始终低于床面覆土层，使水渗入覆土层，但不能漫过覆土层，否则造成土壤板结、湿度过大、出菇困难或烂菇，灌水还可提高菇棚的湿度。菇棚湿度保持在85%~95%，湿度低时可向墙体、走道喷水，一般不要向床面喷水，否则易造成菇体发黄或烂菇。

（12）采收 鸡腿菇采收要及时，宜早不宜迟，当菌盖与菌柄稍有拉开迹象，手捏紧实时就要及时采收，手捏有空感甚至菌盖与菌柄松动时采收后不易保存，很快就会开伞变黑。采收时一手压住覆土层，一手捏住菇柄下端，左右摇摆轻轻摘下即可。

（13）后期管理 当1潮菇采完后，及时清理菇根、死菇及杂物，补平覆土层，并喷2%石灰水，有病及时喷药防治，向走道及南面渠道灌水，进入正常管理。

第四节 黑木耳

一、培养料配方

培养料的配方很多，常见的如下。

①木屑（阔叶树）78%，麸皮（或米糠）20%，石膏粉1%，石灰1%。

②木屑42.5%，玉米芯43%，麸皮10%，玉米面2%，豆粉1%，石灰1%，石膏0.5%。

③木屑45%，棉籽壳45%，麸皮（或米糠）7%，蔗糖1%，石膏粉1%，尿素0.5%，过磷酸钙0.5%。

④木屑29%，棉籽壳29%，玉米芯29%，麸皮10%，石灰1%，石膏粉1%，尿素0.5%，过磷酸钙0.5%。

⑤棉籽壳90%，麸皮（或米糠）8%，石膏粉1%，石灰1%。

⑥玉米芯（粉碎成黄豆大小的颗粒）70%~80%，锯木屑（阔叶树）10%~20%，麸皮（或米糠）8%，石膏粉1%，石灰1%。

⑦玉米芯76%，麸皮（或米糠）20%，石膏粉1%，石灰1%，豆饼1%~2%。

二、拌料装袋

将以上培养料按配方比例称好，拌匀，把蔗糖溶解在水中拌入培养料内，加水翻拌，使培养料含水率65%左右。或加水至手握培养料有水渗出而不滴水为宜，然后将料堆积起来，闷30~60min，使料吃透糖水，立即装袋。

选用高密度低压聚乙烯薄膜袋或聚丙烯薄膜袋，一般塑料袋的规格是17cm×33cm。一端用绳扎紧，从另一端将配制好的培养料装入袋内，装料时边装边压，沿塑料袋周围压紧，做到袋不起皱，料不脱节。装料量约为袋长的3/5，料袋装好后将料面压平。然后把余下的塑料袋收拢起来，用线绳扎紧，灭菌后从两端接种。应该注意：当天拌料、装袋，当天灭菌。

三、灭菌

包扎后立即进锅灭菌。高压蒸汽灭菌要求在 $1.4kg/m^2$ 的压力下维持 2h，常压蒸汽灭菌温度达到 100℃ 时维持 10h 以上。

四、接种

当料温降至 30℃ 以下时接种，菌种要选用适于袋料栽培的优良菌种，接种要在接种箱内以无菌操作方法进行。每瓶原种接 20~30 袋。菌种要分散在料面，以加速发菌。

五、发菌

培养室要求黑暗、保温、清洁，培养温度为 24~26℃，每天通气 30min 左右，一般培养 40~50d 菌丝即可发满全袋。

六、出耳管理

发好菌的栽培袋应及时排场出耳，如推迟排场，菌丝会老化而增加污染。可采用吊袋式或地沟式出耳。

出耳场所应选择靠近水源，地势高、环境卫生好、通风良好的地方，也可选择在树林或河边树阴下及光线较好的空闲房内。

（1）耳房 根据结构分为砖木结构和塑料棚两种形式。均设前后门窗，棚顶要盖草帘或树枝以备遮挡阳光的直射，棚内地面可设若干水槽或铺设砂石、煤渣等蓄积水分。

（2）沟、坑栽培 开一条宽 100cm、深 30cm，长 5~10m 的地沟，沟两边竖 30cm 高的竹架，竹架上横向搁 110cm 的竹子，竹子上吊挂菌袋。地沟上用竹竿搭拱，棚顶覆盖塑料薄膜并加盖草帘或树枝，也可在地沟内铺砂砾，平底菌袋竖放在沙砾上地沟式出耳。

（3）开孔出耳 栽培袋长满菌丝后，移入栽培室见光 3~5d，当袋壁有零星耳基时，可用 0.2%高锰酸钾溶液擦洗袋壁，待药液晾干后即可开孔。每袋开 3~4 行，交错开孔 6~8 个，呈"V"字形。将袋排放在沟内潮湿的砂地上，或放在耳房内铺有塑料薄膜的栽培架上，架上覆盖薄膜，空间喷水，空气湿度要在 85%以上。每天掀膜 1~2 次，温度控制在 15~25℃。约 5~7d，开孔处便可形成黑木耳耳芽，见耳芽后及时吊袋，或在沟内排袋。

（4）出耳期管理 幼耳期出耳阶段应控制温度在 15~25℃，每天早、中、晚用喷雾器往地面、墙壁和菌袋表面喷水，以保持空气相对湿度不低于 90%。开窗通风换气以增光诱耳。

第五节 双孢蘑菇

一、培养料配方

现将国内外常用配方介绍如下，供参考。

1. 国内配方

①稻草 500kg，牛粪 500kg，饼肥 20~25kg，尿素 3.5kg，硫酸铵 7kg，过磷酸钙 15kg，碳酸钙 15kg。

②稻草 1 000kg，豆饼粉 15kg，尿素 3kg，硫酸铵 10kg，过磷酸钙 18kg，碳酸钙 20kg。

③稻草 1 750kg，大麦草 750kg，猪粪（干）1 000kg，菜籽粉 150kg，石膏粉 75kg，过磷酸钙 37.5kg，石灰 10~15kg。

④麦草 500kg，马粪 500kg，饼肥 20kg，尿素 10kg，过磷酸钙 15kg，石膏粉 15kg。

2. 国外配方

①美国配方：小麦秸秆 450kg，尿素 4.5kg，血粉 18.16kg，碳酸钙 9kg，过磷酸钙 18.16kg，马厩肥 227kg。

②荷兰配方：马厩肥 1 000kg，碳酸钙 5kg，尿素 3.5kg，石膏粉 25kg，麦芽 16kg，硫酸铵 7kg，棉籽饼粉 10kg。

二、建堆发酵

（1）原料预处理　将稻草或麦秸切成 10~25cm 长的段，用 0.5% 石灰水浸湿预堆 2~3d，软化秸秆；粉碎干粪，浇水预湿 5d；粉碎饼肥浇水预湿 1~2d，同时拌 0.5% 敌敌畏，盖膜熏杀害虫。

（2）建堆　建堆时以先草后粪的顺序层层加高。按宽 2m、高 1.5m 的规格，堆长据场所而定。肥料大部分在建堆时加入。加水原则：下层少喷，上层多喷，建好堆后有少量水外渗为宜。晴天用草被覆盖，雨天用薄膜覆盖，防止雨水淋入，雨后及时揭膜通气。

（3）翻堆　翻堆宜在堆温达到最高后开始下降时进行。一般每隔 5d、4d、3d 翻一次堆，翻堆时视堆料干湿度，酌情加水。第一次翻堆时将所添加的肥料全部加入。测试温度时用长柄温度计插入料堆的好氧发酵区。发酵后的培养料标准应当是秸秆扁平、柔软、呈咖啡色，手拉草即断。

三、后发酵

将发酵好的培养料搬入已消毒的菇房，分别堆在中层菇床上。通过加温，使菇房内的温度尽快上升至 57~60℃，维持6~8h，随后通风、降温至 48~52℃，维持 4~6d，进行后发酵（二次发酵），其目的是利用高温进一步分解培养料中的复杂有机物和杀死培养料中的虫卵及杂菌、病菌的孢子。后发酵结束后的培养料呈暗褐色，有大量白色嗜热真菌和放线菌，培养料柔软、富有弹性、易拉断、有特殊的香味，无氨味。

四、接种

将培养料均匀地铺在每个菇床上，用木板拍平、压实。接种人员的手及工具应消毒。将菌种放入消毒的盆中，掰成颗粒状。播种方法可采用层播、混播和穴播。每 $1m^2$ 用种量为1份麦粒种、3份粪草种。在最上面覆盖一薄层培养料，整平、稍压实，上覆一薄膜或一层报纸即可。

五、发菌管理

播种后，菇房温度应控制在 20~24℃，若有氨味应立即通风，湿热天气多通风，干冷天气少通风。经 10~15d，菌丝可长满料面。

六、覆土

在播种后15d左右进行覆土。选近中性或偏碱性的腐殖质土为宜。先将土粒破碎，筛成粗土粒（蚕豆大小）和细土粒（黄豆大小），浸吸 2%石灰水，并用 5%甲醛消毒处理。先覆粗土，后覆细土，覆土总厚度为 2.5~3cm，有的不分粗细土。覆土后要调节水分，使土层保持适宜的含水率，以利菌丝尽快爬上土层。调水量随品种、气候等因素而定，通常每天喷水 2 次，每 $1m^2$ 每次喷水 150~300ml，掌握少喷、勤喷的原则。

七、出菇管理

出菇管理是蘑菇栽培的关键时期。此时的主要任务是调节好水分、温度、通气的关系，特别是喷水管理关系到蘑菇产量的高低和质量的优劣。常以晴天多喷，阴天少喷，高温早晚通气，中午关闭的原则进行管理。当菌丝长至土层 2/3 时喷洒"出菇水"，每 $1m^2$ 的喷水量每次可达 300~350ml，持续 2~3d。当菇蕾长到黄豆粒大小时，应喷"保菇水"，再加大喷水量，持续 2d。

第六节　金针菇

一、培养料配方及拌料

①棉籽壳 78%，麸皮（或米糠）20%，白糖 1%，石膏 1%。

②棉籽壳 80%，麸皮 15%，玉米粉 3%，糖 1%，石膏粉 1%。

③棉籽壳 93%，麸皮 5%，石膏粉 1%，过磷酸钙 1%，25%多菌灵 0.2%（生料栽培用）。

④棉籽壳 37%，木屑（阔叶树）37%，麸皮 24%，糖 1%，石膏粉 1%。

⑤棉籽壳 90%，玉米粉 4%，麸皮 5%，石膏粉 1%。

⑥棉籽壳 50%，玉米芯 35%，麸皮 10%，糖 1%，石膏粉 2%，石灰 2%。

⑦木屑（阔叶树）75%，麸皮（或米糠）23%，糖1%，石膏粉1%。

⑧玉米芯73%，麸皮25%，糖1%，石膏粉1%。

任选一配方，按比例加水拌匀，料：水比为1：（1.2~1.25）。

二、装瓶、灭菌和接种

选750ml、800ml或1 000 ml无色玻璃瓶或塑料瓶均可，瓶口直径7cm左右。装料应下松上紧，中间松四周紧，包扎方法同原种。高压蒸汽灭菌，126℃下维持2h，待料温降至20℃左右时接入金针菇栽培种，于24℃下培养22~25d，菌丝体即可长满瓶。

三、出菇管理

金针菇出菇管理分为催蕾、抑生、促生3个阶段。

（1）催蕾 将长满菌丝的菌瓶置13~14℃下，空气相对湿度达80%~85%的黑暗催蕾室内，室内设有进气孔及排气孔。经过8~10d的催蕾即开始出菇。

（2）抑生 在菇蕾形成后2~3d，将培养物移至抑制室，温度为3~5℃，空气相对湿度为70%~80%，逐渐增加风速至3~5m/s。一般抑生5~7d，肉眼可见菌柄和菌盖后，移入促生室。

（3）促生 当子实体长出瓶口2~3cm时，及时加套高12cm左右的塑料筒或硬纸做的圆筒。保持室温6~7℃，相对湿度80%~90%，待子实体菌柄长到13~14cm时，即可采收。

四、采收

当菌盖开始展开，即菌盖边缘开始离开菌柄，开伞度3分左右为最适采收期。

第七节　杏鲍菇

一、栽培季节

杏鲍菇菌丝生长温度以 25℃ 左右为宜，出菇的温度为 10~18℃，子实体生长适宜温度为 15~20℃。因此要因地制宜确定栽培时间，山区可在 7—8 月制袋，9—10 月出菇；平原地区 9 月以后制袋，11 月以后出菇。根据杏鲍菇的适宜生长温度在北方地区以秋末初冬，春末夏初栽培较为适宜；南方地区一般安排在 10 月下旬进行栽培更为适宜。

二、培养料配方

杏鲍菇栽培培养料以棉籽壳、蔗渣、木屑、黄豆秆、麦秆、玉米秆等为主要原料。栽培辅料有细米糠、麸皮、棉籽粉、黄豆粉、玉米粉、石膏、碳酸钙、糖。生产上常用培养料配方有以下几种。

①木屑 73%，麸皮 25%，糖 1%，碳酸钙 1%。

②棉籽皮 80%~90%，麸皮 10%，玉米粉 4%，磷肥 2%，石灰 2%，尿素 0.2%。

③棉籽皮 50%~60%，木屑 30%，麸皮 10%，玉米粉 2%，石灰 1.5%。

④玉米芯 60%，麸皮 18%，木屑 20%，石膏 2%，石灰适量。

⑤木屑 60%，麸皮 18%，玉米芯 20%，石膏 2%，石灰适量。

三、栽培袋制作

制作栽培袋过程与金针菇等相同。须注意原料必须过筛，以免把塑料袋扎破，影响制种成功率，一般选用 17cm×33cm、厚 0.03mm 的高密度低压聚乙烯塑料袋折角袋，每袋湿料质量为 1kg 左右，料高 20cm，塑料袋内装料松紧要适中。常压蒸汽 100℃灭菌维持 16h。料温下降到 60℃出锅冷却，30℃以下开始接种。

四、杏鲍菇的栽培方式

有袋栽和瓶栽，生产上主要采用塑料袋栽。现简介如下。

（一）发菌管理

将接好种的菌袋整齐地摆放在提前打扫洁净的培养室里，温度调到 25℃左右培养。有条件的还可在培养室里安装负离子发生器，对空气消毒，并结合细洒水给发菌室增氧。一般情况下接种 5d 以后菌种开始萌发吃料，需要进行翻袋检查。通过检查调换袋子位置有利于菌丝均衡生长，对未萌发袋和长有杂菌的菌袋小心搬出处理。

（二）出菇管理

菌丝长满袋即可置于栽培室取掉盖体和套环，把塑料袋翻转，在培养料表面喷水保湿，以开口出菇；也可待菌丝培养至 40~50d 后见到菇蕾时开袋出菇，催蕾时要特别注意保持湿度。

（1）温度的调控 杏鲍菇原基分化和子实体生育的温度略有差别，原基分化的温度应低于子实体生育的温度，温度应控制在 12~20℃。高湿条件下温度控制在 18℃以下，当温度超过 25℃，要采取降温措施，如通风、喷水、散堆等。

（2）湿度的调控 湿度要先高后低地调节。前期催蕾时相对湿度保持在 90%左右；在子实体发育期间和接近采收时，湿度可控制在 85%左右，有利于栽培成功和延长子实体的货架寿命。同时采用向空中喷雾及浇湿地面的方法，严禁把水喷到菇体上，避免引起子实体发黄，发生腐烂。

（3）光线与空气调节　子实体发生和发育阶段均需散射光，以 500~1 000lx 为宜，不要让光线直接照射。子实体发育阶段还需加大通风量，雨天时，空气相对湿度大，房间需注意通风。当气温上升到 18℃ 以上时，在降低温度的同时，必须增加通风，避免高温高湿而引起子实体变质。

（4）病虫害防治　低温时，病虫害不易发生，气温升高时，子实体容易发生细菌、木霉及菇蝇等虫害，加强通风和进行湿度调控可预防病害的发生。

第九章　无公害蔬菜病虫害诊治及绿色防控技术

第一节　农业防治技术

一、保护地（温室）土壤消毒（除害）技术

土壤环境是栽培健康作物的先决条件。保护地设施投资大，可提高土地利用效率，多种作物栽培茬口连年不间断连作，更有同一作物多年的不间断连作，并实施高密度、高肥水栽培，还因保护地设施阻隔、影响紫外线的杀菌强度、通风降湿不畅等有利于病害的发生、病原菌的积累；冬季保温、夏季遮阳等资材的应用，又利于害虫的安全越冬、越夏，延长了害虫的发生与为害时期。特别是在设施中发生的主要病害，如灰霉病、菌核病、枯萎病、线虫病、软腐病等都具有寄主范围广、发生普遍、为害重、造成损失大；还有多种害虫的各个虫态共存，侵入保护地为害的微型害虫如蚜虫、螨类、蓟马、烟粉虱、潜叶蝇等由于保护地内没有雨水冲刷的自然杀虫作用，更易早发、重发，造成严重减产，甚至造成绝收；连续的用药也因没有雨水的冲刷，更易产生抗性强的菌种和害虫种群，过度的用药使产品积累超量的农药残留，降低产品质量，危及人们的身体健康。

在保护地设施中通过土壤消毒（除害），及时清除已积累的病虫基数和盐渍化，提供符合健康栽培的土壤环境，应是设

施生产中常规且最经济有效、可操作性强的重要控害技术措施之一。生产上常用的方法主要是太阳能消毒法。

【技术原理】利用太阳能和设施的密闭环境，提高设施环境温度，处理、杀灭土壤中病菌和害虫。还能加快土壤微量元素的氧化水解复原，满足作物的生长发育需求。

【适用范围】已连续栽培 2 年以上的保护地设施、密封性较好或能营造利用太阳热能升温消毒土壤的简易大中棚设施（含薄膜覆盖的露地）。

【应用技术】选在 7—8 月高温季节，最佳时间选在气温达 35℃以上盛夏时实施。当春茬作物采收后的换茬高温休闲期（如果春茬换茬时间过早，可选择栽培短期叶菜调节消毒季节），及时清除残茬，多施有机肥料（最好配合施用适量切细稻草秸秆，每亩 500～1 000kg 切成 3～4cm 长，再加入腐植酸肥）后立即深翻土壤 30cm，每隔 40cm 左右做条状高垄，灌溉薄水层后密封关闭棚室（如遇棚室的膜有破损时，最好用透明胶带或薄膜修补胶将破损处封补，防止消毒热能外泄，增加密闭性，提高升温消毒效果，露地应用该技术可覆盖薄膜），消毒 15～20d，更能优化土质的改良和利用稻草秸秆发酵热能，提高升温效果，增加土表受热消毒面积，可使消毒土壤的温度升至杀死土壤中的各种病菌、害虫、线虫等有害生物，加快病残体的分解。

二、保护地温度调控技术

【技术原理】利用设施栽培便于控制调节小气候的特点，在早春至晚秋栽培季节，对处于生长期的作物，以关、开棚的简单操作管理，提高或降低温湿度的生态调节手段，对有害生物营造短期的不适宜环境，达到延迟或抑制病虫害的发生与扩展的技术。

【适用范围】在作物生长期的病虫害发生初始阶段，或在病虫发生高峰前的控害扩展阶段。高温闷棚温度的主要调节范围为 15~35℃，多数病虫害适宜发生温度为 20~28℃，靶标害虫主要是微型害虫，如蚜虫类、粉虱类、蓟马类、螨类和潜叶蝇类等。闷棚防治法的应用，防病与防虫的操作有共同点，也有较大的区别。适用于防病的是高温、降湿控病；而适用于防虫的是高温、高湿控虫，所以应用闷棚防治法需要较高的管理技巧，并应区分防控的主体靶标。

【应用技术】

（1）对病害的防控操作 当早春或晚秋满足夜间棚内最低温度不低于 15℃（晚上低于 15℃时也可关棚调节，高于 15℃时晚间不关棚或不关密棚），白天关棚保温达到 35℃以上时可少许开棚放风调节，以维持 28℃以上时间越长越好，当棚内温度低于 25~28℃时，开棚降温、降湿，回避病虫发生的适宜温区。如果晚上温度低于 15℃时，可明显延迟病害的发生期、减轻病害的为害。保护地闷棚防治黄瓜霜霉病是成功的例子，选择晴天中午，密闭大棚，使温度上升到 45~46℃，不能高于 48℃，保持 2h，然后放风，对霜霉病有良好的防治效果。

（2）对微型害虫的防控操作 首先实施前注意天气预报，确认实施当天无雨（最好选择在作物也需要浇水时），并在实施前 1d，关棚试验，探测最佳的关棚时间，最高温度可否提升至最高温限及达到最高温限的时段（能达到最高温限的时间越长，控害效果越好），早上（通常 8∶00 以后）阳光较好（再次确认天气预报正确，阴雨天因不利于提升温度，不宜关棚，阴雨天全天开棚通风换气、降湿度，否则害虫未控好反而引发病害），开始在棚内喷水，使棚内作物叶片、土表湿润为宜，关棚提温产生闷热高湿不利于微型害虫发生的环境，杀死抗逆性弱的害虫个体，有些微型害虫热晕以后，掉落在叶面的水滴内淹死或掉落在潮湿的泥土表面（不能再起飞）被黏死

（如果害虫发生严重时，还可配用杀虫烟雾剂可获得良好的控害效果）。当棚内温度下降到25℃以下时，开棚降温降湿。间隔5~7d实施1次，视害虫发生情况，连续3~5次。

第二节　生物防治技术

一、捕食螨防治蔬菜叶螨

【技术原理】捕食螨防治蔬菜叶螨技术是利用捕食螨对叶螨的捕食作用，特别是对叶螨卵以及低龄螨态的捕食，而达到抑害和控害的目的，是安全持效的叶螨防控措施。

利用智利小植绥螨防治叶螨已有很长历史了。我国于1975年从国外引进，以后在蔬菜、花卉上断续有些使用。拟长毛钝绥螨是由我国蜱螨学创始人忻介六先生发现，是我国本土对叶螨有很好控制作用的钝绥螨。拟长毛钝绥螨在我国分布广，如北京市、山西省、辽宁省、天津市、河北省、吉林省、黑龙江省、上海市、江苏省、浙江省、安徽省、福建省、江西省、山东省、湖北省、广东省、广西壮族自治区、海南省、贵州省、陕西省和甘肃省均有分布。

【适用范围】蔬菜上发生的主要叶螨有朱砂螨、二斑叶螨等。其天敌捕食螨的本土主要种类有拟长毛钝绥螨、长毛钝绥螨和巴氏钝绥螨等。这些种类在我国的大多数蔬菜上多有发生，可以用于防治黄瓜、茄子、辣椒等蔬菜以及花卉上的叶螨，有较好的防效。引进种智利小植绥螨是叶螨属叶螨的专性捕食性天敌，对叶螨有极强的控制能力。

【应用技术】

（1）释放时间　作物上刚发现有叶螨时释放效果最佳。严重时2~3周后再释放1次。

（2）释放量　就智利小植绥螨而言，每平方米3~6头，在叶螨为害中心每平方米可释放 20 头，或按智利小植绥螨：叶螨（包括卵）为 1：10 释放。叶螨发生重时加大用量。就拟长毛钝绥螨来说，应在叶螨低密度时释放。按拟长毛钝绥螨：叶螨以 1：（3~5）的释放比例释放拟长毛钝绥螨。

（3）释放次数 叶螨刚发生时释放 1 次。发生严重时可增加释放 2~3 次。

（4）释放方法 瓶装的旋开瓶盖，从盖口的小孔将捕食螨连同包装基质轻轻撒放于植物叶片上。不要打开瓶盖直接把捕食螨释放到叶片上，因为数量不好控制，很可能局部释放过大的数量。不要剧烈摇动，否则会摔死捕食螨。

（5）释放环境 温室大棚。

【注意事项】

（1）捕食螨送达后要立即释放。对于智利小植绥螨来说，相对湿度大于 60% 对于其生存是必需的，特别是对于卵来说。黑暗低温（5~10℃）保存，避免强光照射。产品运达后要立即使用，产品质量会随储存时间延长而下降。若放在低温下保存，使用前置室温 10~20min 后再使用。对于拟长毛钝绥螨来说，必须保存时，需低温（5~10℃），并避免强光照射。使用前置室温 10~20min 后再使用。产品质量会随储存时间延长而下降。

（2）捕食螨均在温暖、潮湿的环境中使用效果较好，而高温、干旱时释放效果差。如果温室或大棚太干应尽可能通过弥雾方法增加湿度。

（3）捕食螨对某些农药敏感，释放后禁用农药。

二、捕食螨防治蔬菜蓟马

【技术原理】捕食螨防治蔬菜蓟马技术是利用捕食螨对蓟马的捕食作用，特别针对蓟马不同的生活阶段，以叶片上的蓟马初孵若虫以及对落入土壤中的老熟幼虫、预蛹及蛹的捕食作用，而达到抑害和控害的目的，是安全持效的蓟马防控措施。

国外利用捕食螨防治蔬菜上的蓟马有近 30 年的历史。到目前为止，利用捕食螨防治蓟马仍然是发达国家生物防治中的主要内容之一。新的捕食螨被不断开发出来，发挥了重要作用。国内本土捕食螨巴氏钝绥螨、剑毛帕厉螨，国外引进的胡瓜钝绥螨是防治蓟马很好的种类。

【适用范围】 蔬菜上发生的主要蓟马种类有烟蓟马（*Thrips tabaci*）和棕榈蓟马（*Thrips palmi*）等。西方花蓟马（*Frankliniella occidentalis*）2003 年首次在中国发现以后，目前，在国内不少省份也都有发生，如云南省、山东省、浙江省和江苏省等，已成为国内多种蔬菜如辣椒、黄瓜、茄子等上严重发生的种类。蓟马的天敌捕食螨的本土主要种类有巴氏钝绥螨和剑毛帕厉螨等。巴氏钝绥螨在国内分布范围广，北京市、广东省、江西省、安徽省、云南省、海南省和甘肃省等地都有发生，引进种胡瓜钝绥螨对蓟马亦有很强的控制能力。它们均可用于温室大棚蔬菜上蓟马的防治。

【应用技术】

1. 巴氏钝绥螨

（1）适用植物 各种蔬菜、花卉、果树，蔬菜品种主要有黄瓜、辣椒、茄子和菜豆等。

（2）适合条件 15~32℃，相对湿度>60%。

（3）防治对象 蓟马、叶螨，兼治茶黄螨、线虫等。

2. 剑毛帕厉螨

（1）适用作物 适用于所有被蕈蚊或蓟马为害的作物，包括蔬菜、花卉和食用菌等，如番茄和黄瓜等。

（2）适宜条件 20~30℃，潮湿的土壤中。

（3）防治对象 除蕈蚊幼虫、蓟马蛹外，剑毛帕厉螨还可捕食蓟马幼虫、线虫、腐食酪螨、叶螨和粉蚧等。

（4）释放时间　作物上刚发现有蓟马或作物定植后不久释放效果最佳。严重时 2~3 周后再释放 1 次。对于剑毛帕厉螨来说，应在新种植的作物定植后 1~2 周释放捕食螨，以 2~3 周后再次释放以稳定捕食螨种群数量。对已种植区或预使用的种植介质中可以随时释放捕食螨，至少每 2~3 周再释放 1 次。

（5）释放量　用于预防性释放：每 $1m^2$ 50~150 粒；防治性释放：每 $1m^2$ 250~500 粒。

（6）释放次数　巴氏钝绥螨可每 1~2 周释放 1 次。

（7）释放方法　巴氏钝绥螨可挂放在植株的中部或均匀撒到植物叶片上。剑毛帕厉螨释放前旋转包装容器用于混匀包装介质内的剑毛帕厉螨，然后将培养料撒于植物根部的土壤表面。

（8）释放环境　温室大棚。

3. 巴氏钝绥螨

收到捕食螨后要立即释放。虽可在 8~15℃ 条件下储存，但不应超过 5d。对化学农药敏感，释放前 1 周内及释放后禁用化学农药。但可与植物源农药、其他天敌如小花蝽、寄生蜂、瓢虫等同时使用。

4. 剑毛帕厉螨

在收到螨后 24h 内释放，避免挤压；若需短期存放，可在 15~20℃、黑暗条件下储存 2d。释放期保持温度 15~25℃。不要将捕食螨和栽培介质混合。释放螨主要起到预防作用。尤其是幼苗期和扦插期；捕食螨暴露于过高（>35℃）或过低（<10℃）的温度下可能会被杀死；被石灰或农药（尤其是二嗪磷）处理过的土壤不要使用剑毛帕厉螨；可与其他天敌同时使用。

三、丽蚜小蜂防治烟粉虱

【技术原理】烟粉虱的寄生性天敌资源丰富，应用丽蚜小蜂防控烟粉虱是"以虫治虫"的实用技术。经国内外评价丽蚜小蜂对烟粉虱的控制效果，最高时寄生率可达83%左右（丽蚜小蜂成虫能将卵产在寄主体内），可成功地防治温室粉虱类害虫。

【适用范围】保护地栽培易发生烟粉虱为害的作物；田间管理的温度调控范围在最低温度15℃以上，最高温度35℃以下；相对湿度控制在25%以上至55%以下；光照充足的设施环境；放蜂控害期间不使用杀虫剂，并在烟粉虱初始发生期使用。

【应用技术】

（1）田间放蜂的应用时间　作物定植后，即对植株上烟粉虱发生动态进行监测，每株作物与烟粉虱密度越低，防治效果越明显。当田间烟粉虱虫口密度平均每株高于4头时，最好先压低烟粉虱虫口基数后再进行放蜂。

（2）定期放（补充）蜂源的间隔期　每隔7~10d补充放蜂1次。连续放蜂次数为3~5次。

（3）调查虫情　要根据田间烟粉虱的实际发生量，确定经济、合适的放蜂量。一定要选择在烟粉虱发生基数较低时初始使用，才能有效地起到控害的作用；田间株均烟粉虱虫量不高于2头时，每亩设施分批释放丽蚜小蜂数量15 000~25 000头；田间株均烟粉虱2~4头时，每亩分批释放丽蚜小蜂25 000~35 000头。同时还需要配合温度情况加以调节，当20~28℃时，正处于烟粉虱发生的最适温区，以释放上限的蜂量或略超过上限的蜂量为宜，原则上丽蚜小蜂与烟粉虱的益害比例为（3~4）:1。

（4）放蜂位置　将蜂卡产品均匀挂放于植株上中部即可。

丽蚜小蜂虫体较小，且飞行能力有限，一定要均匀挂放。

【注意事项】本项技术不适宜在高温、高湿的地区或高温、高湿设施内应用。技术应用以后限制条件较多，各项技术的兼容性较差。

四、昆虫信息素应用技术

【技术原理】化学信息素是生物体之间起化学通信作用的化合物的统称，是昆虫交流的化学分子语言。这些信息化合物调控着生物的各种行为，如引起同种异性个体冲动及为了达到有效交配与生殖以繁衍后代的性信息素；帮助同类寻找食物、迁居异地和指引道路的标记信息素；通过同种个体共同采取防御或攻击措施的报警信息素；为了群聚生活而分泌的聚集信息素；其他像调控产卵、取食、寄生蜂寻找寄主等行为的各种化学信息素。化学信息素技术就是利用它对行为的调控作用，破坏和切断害虫正常的生活史，从而抑制害虫种群。其中，调控昆虫雌雄性吸引行为的性信息素化合物，既敏感，又专一，引诱力强，在整个化学信息素技术中占80%。

【技术应用】化学信息素可以按其起源和所调控的行为功能分类。性信息素，就是我们最早了解和使用的性诱剂，是昆虫的性成熟个体释放，引诱同种异性成虫并完成交配的一种化学信息素；聚集信息素是化学调控一些昆虫的聚集行为，常见于鞘翅目的天牛、直翅目的蝗虫等；报警信息素是在昆虫遭遇到攻击时释放的，用以提醒同种个体的遁逃或攻击行为，常见于蜜蜂、蚜虫等；标记信息素是为同巢的其他成员指明资源的化合物，在蚂蚁、白蚁等昆虫中常见；空间分布信息素是可以激起昆虫远离食物源和产卵场所，达到个体间分散均匀的目的，这样有利于种群的生存；产卵信息素是调控昆虫产卵行为的化学信息素，如蚊虫、菜粉蝶的产卵；社会性昆虫的信息素，如蚂蚁、白蚁、蜜蜂等调控各种社会性昆虫行为的信息化合物；协同信息素，如害虫取食寄主植物所诱导的化合物对天敌的引诱作用；利他信息素是指昆虫自己释放的信息素是有利于其他个体的化学信息素，典型的例子是寄生蜂寻找寄主所利用的化学物质为寄主所释放，蚊子的吸血行为，所利用的则是人和动物呼出的二氧化碳和其他味道，也是利他信息素的一类；取食信息素则是调控昆虫取食或阻止昆虫取食行为的化学信息素，范围比较广，最常见的糖类化合物，一些调控蝇类的水果、花气味或蛋白水解气味化合物等，在低蛋白含量的寄主植物的实蝇类昆虫需要补充蛋白质，因此，利用蛋白水解物的气味寻找食物，而在高蛋白含量的寄主植物生长发育的实蝇类昆虫则对这些气味反应较差。

【应用要点】目前的化学信息素技术主要以性诱为核心。所以要特别注意该技术的一些特点。

（1）明确所需要的靶标害虫的学名　因为性诱的专一性，只诱捕单一害虫。如果靶标害虫的种类不清，就会失败。例如，棉铃虫和烟青虫、玉米螟和桃蛀螟等都是容易混淆种类。如果我们在使用时不清楚害虫的种类，我们可以借助性诱剂的专一性诱捕帮助我们鉴定当地的靶标害虫种类。

（2）选择正确的诱芯产品　鉴于害虫性诱剂的地理区系差异和性信息素化合物在自然环境下的不稳定性，不同厂家的诱芯质量差异较大。在田间有大量野生雌蛾存在的竞争，并不是多设置质量差的诱芯可以解决，诱芯引诱力越强，在野生雌蛾的竞争中取得优势，测报就越准确，防治效果也越好。因此，在大面积使用前，应该先开展小范围的试验示范，以免造成浪费和损失。

（3）选择正确的诱捕器　因为昆虫对气味化合物的飞行定向行为差异，不同昆虫的诱捕器设计有所不同。化学信息素群集诱捕技术装置由诱捕器、诱芯和接收袋组成。诱芯和诱捕器须配套使用。诱捕器可以重复使用，平时只要一段时间后更换诱芯。诱捕效果直观，防治成本低，操作简单又干净，农民非常容易接受。

（4）设置时间　性诱剂诱杀的是雄成虫。所以，诱捕器的设置要依靶标害虫的发生期而定，必须在成虫羽化之前。因此，性诱剂使用要结合测报，根据靶标生活史再规划诱捕器的设置时间。由于性信息素害虫防治的作用机制是改变害虫正常的行为，而不像传统杀虫剂直接对害虫产生毒杀效果，应该采取预防策略，需要在害虫发生早期，虫口密度比较低（如越冬代）时就开始使用比较理想，这样持续压制害虫的种群增长，长期维持在经济阈值之下。防治范围应该比较隔离、大于害虫的移动范围，以减少成熟雌虫再侵入。例如，根据比较试验，斜纹夜蛾的防治区域至少需要 $3.33hm^2$（50 亩）以上才能显示明显的防治效果。对于那些世代较长、单或寡食性、迁移性小、抗药性的害虫使用化学信息素比较容易得以控制。不同昆虫种类在使用季节上有所差异。

（5）诱捕器使用技术　诱捕器所放的位置、高度、气流情况会影响诱捕效果。设置高度依昆虫飞行高度而定（参见产品说明书）。诱捕器放置时，一般是外围放置密度高，内圈尤其是中心位置可以减少诱捕器的放置数量。诱芯设置密度与靶标害虫的飞行范围有关（参见产品说明书）。

诱芯释放气味需要气流来扩散、传播，所以诱捕器应设置在比较空旷的田野，这样可以提高诱捕效率，扩大防治面积。

（6）诱芯保存方法　性信息素产品易挥发，需要存放在较低温度（$-15 \sim -5℃$）冰箱中；保存处应远离高温环境，诱芯应避免曝晒。使用前才打开密封包装袋。

（7）田间诱捕器的维护　诱捕虫数超过一定量时要及时更换接收袋。每个诱捕器一枚诱芯，根据诱芯寿命及时更换诱芯。适时清理诱捕器中的死虫。收集到的死虫不要随便倒在田间。使用水盆诱捕器时，要加少许洗衣粉并及时加水，以维持一定的诱芯和水面距离。由于性信息素的高度敏感性，安装不同种害虫的诱芯，需要洗手，以免污染。一旦打开包装袋，最好尽快使用包装袋中的所有诱芯，或放回冰箱中低温保存。

<h2 style="text-align:center">第三节　物理防治技术</h2>

一、灯光诱控技术

1. 频振式杀虫灯

【技术原理】杀虫灯是利用昆虫对不同波长、波段光的趋性进行诱杀，有效压低虫口基数，控制害虫种群数量，是重要的物理诱控技术。可以诱杀为害水稻、小麦、棉花、玉米、蔬菜、果树等作物上 13 目、67 科的 150 多种害虫。利用杀虫灯诱控技术控制农业害虫，不仅杀虫谱广，诱虫量大，诱杀成虫效果显著，害虫不产生抗性，对人、畜安全，促进田间生态平衡，而且安装简单，使用方便。常用的杀虫灯因光源的不同，可分为各种类型的杀虫灯。由于光源的不同，可分为交流电供电式和太阳能供电式杀虫灯等。

【应用技术】

蔬菜田挂灯高度：交流电供电式杀虫灯接虫口距地面 80~120cm（叶菜类）或 120~160cm（棚架蔬菜）。太阳能灯接虫口距地面 100~150cm。

（1）控制面积　交流电供电式杀虫灯两灯间距 120~160m，单灯控制面积 1.5~2hm²。太阳能灯两灯间距 150~200m，单灯控制面积 2~3hm²。

（2）开灯时间　挂灯时间为 4 月底至 10 月底；诱杀鞘翅目、鳞翅目等害虫的适宜开灯时间：19：00~24：00（东部地区），20：00 至次日 2：00（中部地区），21：00 至次日 4：00

（西部地区）。

（3）杀虫灯的收灯与存放　杀虫灯如冬天不用时最好撤回以进行保养。收灯后将灯具擦干净再放入包装箱内，置阴凉干燥的仓库中。太阳能杀虫灯在收回后要对固定螺栓进行上油预防生锈，蓄电瓶要每月充两次电以保证其使用寿命。如无条件收灯，应用灯具自带的防护屏，将灯具锁好，封闭，并用防腐蚀雨篷遮盖。

【注意事项】

①架设电源电线要请专业电工，不能随意拉线，确保用电安全。

②接通电源后请勿触摸杀虫灯的高压电网，灯下禁止堆放柴草等易燃品。

③使用中要使用集虫袋，袋口应光滑以防害虫逃逸。

④使用电压应为 210~230V，雷雨天气尽量不要开灯，以防电压过高。每天要对接虫袋和高压电网的污垢进行清理，清理前一定要切断电源，顺网进行清理。如果污垢太厚，可更换新电网或将电网拆下，清除污垢后再重新绕好，绕制时要注意两根电网不能短路。

⑤太阳能杀虫灯在安装时要将太阳板调向正南，确保太阳能电池板能正常接受光照。蓄电池要经常检查，电量不足时要及时充电，以免影响使用寿命。

⑥出现故障时，务必在切断电源后进行维修。

⑦使用频振式杀虫灯不能完全代替农药，应根据实际情况与其他防治方法相结合。

⑧在使用过程中要注意对灯下和电杆背灯面两个诱杀盲区内的害虫重点防治。

除频振式杀虫灯外的其他类型杀虫灯的使用技术，可参照实施。

2. LED 新光源杀虫灯诱杀害虫技术

【技术原理】LED（发光二极管）新光源杀虫灯是利用昆虫的趋光特性，设置昆虫敏感的特定光谱范围的诱虫光源，诱导害虫产生趋光、趋波兴奋效应而扑向光源，光源外配置高压电网杀死害虫，使害虫落入专用的接虫袋，达到杀灭害虫的目的。利用 LED 新光源杀虫灯诱杀害虫是一种物理防治害虫的技术措施，可诱杀以鳞翅目和鞘翅目害虫为主的多种类型的害虫成虫，包括棉铃虫、菜蛾、夜蛾、食心虫、地老虎、金龟子和蝼蛄等几十种。

LED 新光源杀虫灯是白天通过太阳光照射到太阳能电池板上，将光能转换成电能并储存于蓄电池内，夜晚自动控制系统根据光照亮度自动亮灯、开启高压电极网进行诱杀害虫工作。

【适用范围】果园、蔬菜田、玉米等鳞翅目和鞘翅目害虫发生量较多的作物田。

【应用技术】

（1）悬挂高度　田间安装杀虫灯时，先按照杀虫灯的安装使用说明安装好杀虫灯各部件，然后将安装好的杀虫灯固定在主体灯柱上，再用地脚螺栓固定到地基上，最后用水泥灌封后将整灯固定安装到地面。灯柱高度（杀虫灯悬挂高度）因不同作物高度而异。悬挂高度以灯的底端离地 1.2~1.5m 为宜，如果作物植株较高，挂灯一般略高于作物 20~30cm。

（2）田间布局　杀虫灯在田间的布局常有两种方法：一是棋盘状分布，适合于比较开阔的地方使用；二是闭环状分布，主要针对某块为害较重的区域以防止害虫外迁。或为搞试验需要特种布局。如果安灯区地形不平整，或有物体遮挡，或只针对某种害虫特有的控制范围，则可根据实际情况采用其他布局方法，如在地形较狭窄的地方，采用小之字形布局。棋盘式和闭环状分布中，各灯之间和两条相邻线路之间间隔以单灯控制面积计算，如单灯控制面积 $2hm^2$，灯的辐射半径为 80m，则各灯之间和两条相邻线路之间间隔 160~200m。

（3）开灯时间　以害虫的成虫发生高峰期，每晚 19：00 至次日 3：00 为宜。

【注意事项】

①太阳能杀虫灯在安装时要将太阳能板面向正南，确保太阳能电池板能正常接受光照。蓄电池要经常检查，电量不足时要及时充电，以免影响使用寿命。

②使用 LED 杀虫灯不能完全代替农药，应根据实际情况与其他防治方法相结合。

③在使用过程中要注意对灯下和背灯面两个诱杀盲区内的害虫重点防治。

④及时用毛刷清理杀虫灯高压电网上的死虫、污垢等，保持电网干净。

二、色板诱控技术

【技术原理】利用昆虫的趋色（光）性，制作各类黏板：在害虫发生前诱捕部分个体以监测虫情，在防治适期诱杀害虫。为增强对靶标害虫的诱捕力，将害虫性诱剂、植物源诱捕剂或者性信息素和植物源信息素混配的诱捕剂与色板组合；制作非黏性色板，与植物互利素或害虫利他素配成的诱集剂组合，诱集、指引天敌于高密度的害虫种群中寄生、捕食。该技术可达到控制害虫、减少（免）虫害造成作物产量和质量的损失，以及保护生物多样性的目的。

【适用范围】多数昆虫具有明显的趋黄绿色习性，特殊类群的昆虫对于蓝紫色有显著趋性。一般地，一些习性相似的昆虫，对某些色彩有相似的趋性。蚜虫类、粉虱类趋向黄色、绿色；叶蝉类趋向绿色、黄色；有些寄生蝇、种蝇等偏嗜蓝色；有些蓟马类偏嗜蓝紫色，但有些种类蓟马嗜好黄色。夜蛾类、尺蠖蛾类对于色彩比较暗淡的土黄色、褐色有显著趋性。色板诱捕的多是日出性昆虫，墨绿、紫黑等色彩过于暗淡，引诱力较弱。白光由多种光混合而成，可吸引较多种类的昆虫，白板上昆虫的多样性指数最大。

色板与昆虫信息素的组合可叠加二者的诱效，在通常情况下，诱捕害虫、诱集和指引天敌的效果优于色板或者信息素单用。

【蔬菜田应用技术】色板可以是长方形的，常用的有20cm×40cm、20cm×30cm、10cm×20cm等，也可是方形的，如20cm×20cm、30cm×30cm等。色板上均匀涂布无色无味的昆虫胶，胶上覆盖防黏纸，田间使用时，揭去防黏纸。诱捕剂载有诱芯，诱芯可嵌在色板上，或者挂于色板上。

(1) 诱捕蚜虫　可选用黄色黏板。秋季9月中下旬至11月中旬，将蚜虫性诱剂与黏板组合诱捕性蚜，压低越冬基数。春、夏期间，在成蚜始盛期、迁飞前后，使用色板诱捕迁飞的有翅蚜，色板上附加植物源诱捕剂更好。色板高过作物15～20cm，每亩放15～20个。

(2) 诱捕粉虱　使用黄色黏板，对于茶园、橘园、行道树、蔬菜大棚内的粉虱类可选用油菜花黄色彩。春季越冬代羽化始盛期至盛期，使用色板诱捕飞翔的粉虱成虫，或者在粉虱严重发生时，在成虫产卵前期诱捕孕卵成虫。色板上附加植物源诱捕剂效果会更好。色板高过作物15～20cm，每亩放15～20个。蔬菜大棚内，20～30d更换1次色板。

(3) 诱捕蓟马　使用蓝色黏板或黄色黏板。在蓟马成虫盛发期诱捕成虫。使用方法同蚜虫类。

(4) 诱捕蝇类　害虫使用蓝色黏板或绿色黏板，诱捕雌、雄成虫。色板高过作物15～20cm，每亩地放置10～15个。

(5) 诱捕尺蠖蛾类和夜蛾类　使用土黄色黏板、姜黄色黏板，诱捕产卵前期的雌尺蠖蛾或雄尺蠖蛾。使用方法同蚜虫类。

三、防虫网应用技术

【技术原理】防虫网是采用高分子材料——聚乙烯为主要原料，并添加防老化、抗紫外线等化学助剂，经拉丝织造成网筛状新型覆盖材料。具有拉力强度大，抗紫外线、抗热、抗风、耐水、耐腐蚀、耐老化等性能，无毒、无嗅，可反复覆盖使用 4~5 年，每 $1m^2$ 平均使用成本不足 1 元，最终的废弃物易处理等优良特点。在保护地设施上覆盖应用后，基本上可免除甜菜夜蛾、斜纹夜蛾、菜青虫、小菜蛾、甘蓝夜蛾、银纹夜蛾、黄曲条跳甲、猿叶虫、蚜虫、烟粉虱、棉铃虫、烟青虫、豆野螟和瓜绢螟等 20 多种害虫的为害，还可阻隔传毒的蚜虫、烟粉虱、蓟马、美洲斑潜蝇传播数十种病毒病，达到防虫兼控病毒病的良好经济效果。社会效益方面，覆盖应用后可大幅度减少农药的施用，缓解保护地内害虫对农药的抗性，是保障生产无农药残留蔬菜的实用性强、操作简单易行、成本低的耐用资材。

【适用范围】防虫网主要用于设施蔬菜生产，通过对温室和大棚通风口、门口进行封闭覆盖，阻隔外界害虫进入棚室内为害，以减少虫害的发生。防虫网也可用于对露地蔬菜进行搭架全覆盖的网棚生产。防虫网使用中，一是要根据不同的防治对象选择适宜的防虫网目数。如 20~32 目可阻隔菜青虫、斜纹夜蛾等鳞翅目成虫，40~60 目可阻隔烟粉虱、斑潜蝇等小型害虫。二是防虫网要在作物整个生育期全程严密覆盖，直至收获。

【技术应用】在害虫发生初始前覆盖防虫网后，再栽培蔬菜才可减少农药的使用次数和使用量。

为防止覆盖后防虫网内残存虫口发生意外为害，覆盖之前必须杀灭虫口基数，如清洁田园、清除前茬作物的残虫枝叶和杂草等的田间中间寄主，对残留在土壤中的虫、卵进行必要的药剂处理。

根据设施类型，选择操作方便、易行、节省成本的优化组合覆盖方法，目前常用的主要覆盖法有全网覆盖和网膜覆盖两种方式。

（1）全网覆盖法　在棚架上全棚覆盖防虫网，按棚架形式可分为大棚覆盖、中小棚覆盖、平棚覆盖。这种覆盖方式，盖网前先按常规精整田块，下足基肥，同时进行化学除草和土壤消毒，随后覆盖防虫网，四周用土压实，棚管间拉绳压网防风，实行全封闭覆盖。

（2）网膜覆盖法　防虫网和农膜结合覆盖。这种覆盖方式是棚架顶盖农膜，四周围防虫网。网膜覆盖，避免了雨水对土壤的冲刷，起到保护土壤结构，降低土壤湿度，避雨防虫的作用。在连续阴雨或暴雨天气，可降低棚内湿度，减轻软腐病的发生。在晴热天气，易引起棚内高温。

（3）双网（防虫网与遮阳网）配套作用　这种类型主要在盛夏高温、强光的条件下栽培，上面天网用遮阳网，阻挡强光降温，四周侧面用防虫网覆盖，防止害虫侵入为害，实现兼顾遮光、避雨、防虫的目的，是一项有效、节省成本、实用避虫治病的栽培技术，还改良了网膜结合、全网覆盖的闷热通风不良、易引发软腐病的缺陷。

【注意事项】害虫是无孔不入，只要在农事操作、采收时稍有不慎，就会给害虫创造入侵的机会，要经常检查防虫网阻隔效果，及时修补破损孔洞。发现少量虫口时可以不用药，但在害虫有一定的发生基数时，要及时用药控害，防止错过防治适期。防虫网使用结束，应及时收下，洗净，吹干，卷好，延长使用寿命。

四、无纺布应用技术

无纺布是未经纺织，只是用聚丙烯等化学纺织短纤维或者长丝进行定向或随机排列，形成纤网结构，然后采用机械、热黏等方法加固而成的新型轻质资材，并具有工艺流程短、生产速度快、产量高、成本低、用途广、原料来源多等特点。农业上用于作物保护布、育秧布、灌溉布、保温幕帘等。也用于保护地设施栽培的防病治虫，且可多次重复使用。

【技术原理】保护地栽培由于设施的日夜温差大、湿度高、易结露，造成带菌露滴落在作物上引发病害等。应用农用无纺布保温幕帘后，起到阻止滴露直接落在作物的叶茎上引发病害，并有在潮湿时吸潮、干燥时释放湿气微调棚室湿度作用，从而达到控制和减轻病害的发生与为害。在早春与晚秋，用于在作物上浮面覆盖，可起到透光、透气、降湿、保温、阻隔害虫侵害、促进增产等作用，也是保障生产无农药残留蔬菜的实用性强、操作简单易行、成本低的耐用材料。

【适用范围】预防由保护地设施露滴引起的灰霉病、菌核病和低温冻伤引起的绵疫病、疫病等病害。兼用于防虫，可起到类似防虫网的作用，还兼有良好的保温、防霜冻作用。

【技术应用】在冬季、早春与晚秋，常用在设施的天膜下，安装保温防滴幕帘。白天拉开，增加棚室的透光度，兼释放已吸收的湿气；晚上至清晨拉幕保温、防滴、吸潮，起到辅助防病的作用。

直接浮面覆盖应用在冬季、早春与晚秋保护设施或露地，可省去支架，达到保温、防霜冻、促进生长、增加产量、延后市场供应、辅助避虫等目的，与防虫网相比更具实用性，对新播种的秧苗有保墒、促进发芽、培育壮苗的作用。

五、银灰膜避害控害技术

【技术原理】利用蚜虫、烟粉虱对银灰膜有较强的忌避性，可在田间挂银灰塑料条或用银灰地膜覆盖蔬菜来驱避害虫，预防病毒病。

【适用范围】夏、秋季蔬菜田，设施蔬菜田等。

【应用技术】蔬菜田间铺设银灰色地膜避虫，每亩铺银灰色地膜5kg，或将银灰色地膜裁成宽10~15cm的膜条悬挂于大棚内作物上部，高出植株顶部20cm以上，膜条间距15~30cm，纵横拉成网眼状。使害虫降落不到植株上。温室大棚的通风口也可悬挂银灰色地膜条成网状。如防治秋白菜蚜虫，可在白菜播后立即搭0.5m高的拱棚，每隔15~30cm纵横各拉一条银灰色塑料薄膜，覆盖18d左右，当幼苗6~7片真叶时撤棚定植。

第四节　蔬菜主要病害生态防控

一、叶菜类蔬菜主要病害

（一）霜霉病

【为害对象】

主要为害大白菜、青菜、甘蓝、花椰菜、榨菜、芥菜、萝卜、芜菁等多种蔬菜。

【绿色防控技术】

（1）农业防治　选用抗病品种。合理轮作，适期播种，合理密植。前茬收获后，清洁田园，进行秋季深翻。加强田间肥、水管理，施足底肥，增施磷、钾肥，合理追肥。

（2）药剂防治　播种前进行选种及种子消毒，无病株留种或播种前用25%甲霜灵可湿性粉剂或75%百菌清可湿性粉剂拌种，用药量为种子重量的0.3%。

加强田间检查，重点检查早播地和低洼池，发现中心病株要及时喷药，控制病害蔓延。常用药剂有40%乙膦铝可湿性粉剂235~470g/亩、25%甲霜灵可湿性粉剂348~436g/亩、75%百菌清可湿性粉剂113~153g/亩、80%乙蒜素乳油5 000~

6 000倍液喷雾。

大棚内可用10%百菌清烟剂500~800g/亩，分4~5处，点燃放烟，闷棚处理。

（二）软腐病

【为害对象】

主要为害白菜、甘蓝、花椰菜等十字花科蔬菜以及莴苣、芹菜、葱、蒜等蔬菜。

【绿色防控技术】

（1）农业防治 选用抗病品种，与豆类、玉米等作物轮作，提前翻犁，促进病残体腐烂分解。选择地势高、水位低、肥沃的土地种植，增施有机肥，及时拔除病株后用生石灰消毒。

（2）药剂防治 发病初期用72%农用链霉素可溶性粉剂750倍液、50%氯溴异氰尿酸可湿性粉剂60~70g/亩、20%噻森酮悬浮剂120~200g/亩、80%代森锌可湿性粉剂80~100g/亩喷雾，5~7d喷一次，连续3次，重点喷洒在病株茎部及近地表处。白菜对铜制剂敏感，不宜在白菜上使用。

（三）黑腐病

【为害对象】

可为害大白菜、小白菜、甘蓝、花椰菜等十字花科蔬菜。

【绿色防控技术】

（1）农业防治 选择抗病品种；在无病地或无病株上采种。与非十字花科蔬菜比如番茄、辣椒、茄子、黄瓜等，进行2~3年轮作。温水浸种，将种子放在50℃的温水中浸泡30min，然后播种。加强栽培管理，适时播种，合理浇水，适期蹲苗。农事操作时注意减少伤口。收获后及时清洁田园。

（2）生物防治 可选用3%中生菌素可湿性粉剂600~800倍液浸种加灌根。

（3）化学防治

种子消毒：用50%琥胶肥酸铜可湿性粉剂按种子重量的0.4%拌种可预防苗期黑腐病的发生。

喷药：发病初期，每亩可选用72%农用硫酸链霉素可溶性粉剂14~28g、20%噻菌铜悬浮剂75~100ml、20%噻森铜悬浮剂120~200ml、2%氨基寡糖素水剂187~250ml、80%代森锌可湿性粉剂80~100g，对水均匀喷雾，隔7~10d防治一次，连续防治2~3次。需注意：对铜剂敏感的蔬菜品种慎用噻菌铜、噻森铜。

（四）黑斑病

【为害对象】

可为害白菜、甘蓝、花椰菜、芥菜、萝卜等。

【绿色防控技术】

（1）农业防治　选用适合的抗病品种；与非十字花科蔬菜如番茄、辣椒、茄子、黄瓜等实行2~3年轮作；施足基肥，增施磷、钾肥，提高菜株抗病力。

（2）化学防治　在发病前或发病初期，每亩可选用68.75%嗯酮·锰锌水分散粒剂45~75g，或10%苯醚甲环唑水分散粒剂35~50g，或43%戊唑醇悬浮剂15~18ml，对水30~50kg；或5%百·硫悬浮剂1 250~1 500g，均匀喷雾，隔7~10d防治一次，连续防治2~3次。

（五）根肿病

【为害对象】

主要为害白菜、菜薹、甘蓝、花椰菜等。

【绿色防控技术】

（1）农业防治　与非十字花科蔬菜如番茄、茄子、黄瓜、辣椒等实行3年以上轮作；避免在低洼积水地或酸性土壤上种植白菜；采用无病土育苗或播前用福尔马林消毒苗床；改良定植田的土壤，结合整地在酸性土中每亩施消石灰 60~100kg，进行表土浅翻，也可在定植前在畦面或定植穴内浇 2%石灰水，以减少根肿病发生，或发病初期用 15%石灰乳灌根，每株 0.3~0.5L，也可以减轻为害。加强栽培管理，在白菜生长期适时浇水追肥、中耕除草，提高植株抗病能力。

（2）化学防治　在发病初期拔除病株，在病穴四周撒石灰，或用 50%氟啶胺悬浮剂每亩 267~333ml，对水 60~100L均匀喷于土壤表面。

（六）空心菜锈病

【为害对象】

只为害空心菜。

【绿色防控技术】

（1）农业防治

①选择抗病品种，重病区可选种细叶通菜或柳叶菜等，具有较强的形态抗病作用。

②实行轮作，与非旋花科作物如白菜、萝卜、番茄、黄瓜等间隔 2 年轮作，最好与水稻轮作或用水淹菜地。

③增施有机肥，采取前轻后重追肥，使植株生长健壮。夏秋季早晨浇水，冲掉叶片上的露水，切断病菌侵染来源。发现中心病株及时拔除并集中处理。每年收获结束时清除病残体，翻晒土壤促使病残体加速腐烂可减少初侵染菌源。

（2）化学防治　掌握发病初期及时喷药，可用 65%代森锌 500 倍液、58%雷多米尔可湿性粉剂（瑞毒霉·锰锌）500~600 倍液、64%杀毒矾可湿性粉剂 500 倍液、30%氧氯化铜悬浮剂 500 倍液，隔 7~10d 喷一次，连喷 2~3 次，做到药剂轮换使用。

（3）种子处理　种子是病菌远距离传播的重要途径。可设无病留种田，确保用无病种子播种；或药剂处理种子，采用 35%甲霜灵拌种剂，按种子干重的 0.3%拌种。

二、茄果类蔬菜主要病害

（一）青枯病

【为害对象】

主要为害辣椒、茄子、番茄等。

【绿色防控技术】

（1）农业防治　选用抗病品种。改良土壤，实行轮作，避免连茬或重茬，尽可能与瓜类或禾本科作物实行5~6年轮作。整地时施草木灰或石灰等碱性肥料100~150kg，使土壤呈微碱性，抑制青枯菌的繁殖和发展。改进栽培技术，提倡用营养钵育苗，做到少伤根，培育壮苗提高寄主抗病力。雨后及时松土，避免漫灌，防止中耕伤根。

（2）生物防治　定植时用青枯病拮抗菌 NOE-104 和 MA-7 菌液浸根，对青枯病菌侵染具有抑制作用；还可用 0.1 亿 CFU/g 多黏类芽孢杆菌细粒剂 300 倍液浸种，或每平方米 0.3g 苗床泼浇，或每亩 1 050~1 400g 灌根。

（3）药剂防治　进入发病阶段，喷淋 14%络氨铜水剂 300 倍液，77%可杀得可湿性微粒剂 500 倍液，72%硫酸链霉素可溶 1 000~2 000倍液、3%中生霉素可湿性粉剂 600~800 倍液、20%噻森酮悬浮剂 300~500 倍液、42%三氯异氰尿酸可湿性粉剂每亩 30~50g，隔7~10d 一次，连续使用3~4 次；或50%敌枯双可湿性粉剂 800~1 000 倍液灌根，隔 10~15d 一次，连续灌 2~3 次。

（二）病毒病

【为害对象】

主要为害辣（甜）椒、茄子、番茄等。

【绿色防控技术】

（1）农业防治　选用抗耐病品种，适时早播。早播种、早定植可使结果盛期避开病毒病高峰，种苗株型矮而壮实。采用地膜覆盖栽培，既可提早定植，又可促进早发根、早结果。露地栽培应及时中耕、松土，促进植株生长。与高秆作物间作。可与玉米、高粱实行间作，高秆作物可为其遮阴，既促进增产，又能有效地阻碍蚜虫的迁飞。及早防治传毒蚜虫。

（2）物理防治　种子消毒，种子先用清水浸种 3~4h，再用 10%磷酸三钠溶液浸泡 20~30min，清水淘洗干净后再催芽播种。

（3）生物防治　使用生物制剂 0.5%几丁聚糖水剂 300~500 倍液、0.5%香菇多糖水剂每亩 208~250g、6%低聚糖素水剂 600~1 200 倍液喷雾，每隔 10~14d 喷一次，连续 2~3 次。

（4）药剂防治　0.1%硫酸锌、20%病毒 A 可湿性粉剂 500 倍液、1.5%植病灵乳剂 1 000 倍液，20%吗啉胍·乙铜可湿性粉剂每亩 166.5~250g，20%盐酸吗啉胍可湿性粉剂每亩 166.7~250g，50%氯溴异氰尿酸可湿性粉剂每亩 60~70g，8%混脂·硫酸铜水乳剂每亩 250~375g，喷雾，7~10d 喷一次，连续使用 3~4 次。

（三）早疫病

【为害对象】

主要为害番茄、马铃薯、茄子、辣椒等茄科蔬菜。

【绿色防控技术】

（1）农业防治　施足农家肥底肥，及时合理灌水追肥，棚室注意排湿，保证通风透光。

（2）生物防治　可用生物制剂 6%嘧啶核苷酸类抗菌素水剂每亩 87.5~125g，喷雾。

（3）化学防治　于发病前或发病初期喷撒 50%扑海因可湿性粉剂 1 000 倍液，或 5%百菌清粉尘剂进行预防，每亩每次 1kg，隔 9d 一次，连续 4 次。也可将 50%扑海因可湿性粉剂配成 180~200 倍液，用毛笔涂抹病部进行防治。

发病后，可用 30% 醚菌酯悬浮剂每亩 40~60g、50% 啶酰菌胺水分散粒剂每亩 20~30g、50% 代森锰锌可湿性粉剂每亩 246~316g、10% 苯醚甲环唑水分散粒剂每亩 83.3~100g、75% 肟菌·戊唑醇水分散粒剂每亩 10~15g、70% 丙森锌可湿性粉剂每亩 125~190g、30% 王铜悬浮剂每亩 50~71.4g、25% 嘧菌酯悬浮剂每亩 24~32g、50% 二氯异氰尿酸钠可溶粉剂每亩 75~100g，喷雾，7~10d 喷一次，连续 2~3 次，严重时可加喷一次。

（四）晚疫病

【为害对象】

主要为害番茄和马铃薯等。

【绿色防控技术】

（1）农业防治　因地制宜选种抗病品种。番茄、马铃薯不连作，两者不轮作或邻作，与其他蔬菜间隔 3 年轮作。加强水肥管理，实行配方施肥，以提高植株抗逆性。晴天浇水，防止大水漫灌。合理密植，及时整枝，早搭架，摘除植株下部老叶，改善通风透光条件。棚室栽培应适时放风，降低湿度。

（2）生物防治　2% 几丁聚糖水剂每亩 100~150g、1 000 亿芽孢/g 枯草芽孢杆菌可湿性粉剂每亩 10~14g、0.5% 氨基寡聚糖水剂每亩 186.7~250g 喷雾，10~14d 喷一次，连续 2~3 次。

（3）化学防治　发病时可通过喷雾、烟雾和灌根等方法进行防治，但需在病株率不超过 1% 前，常用喷雾剂有 25% 甲霜灵可湿性粉剂 600 倍液、3% 多抗霉素每亩 355.6~600g、33.5% 喹啉酮悬浮剂每亩 30~37.5g、50% 氟啶胺悬浮剂每亩 26.7~33.3g、50% 烯酰磷酸铝可湿性粉剂每亩 37.5~50g、25% 嘧菌酯悬浮剂每亩 60~90g、83% 百菌清水分散粒剂每亩 80~100g。

三、瓜类蔬菜主要病害

（一）枯萎病

【为害对象】

可为害各种瓜类蔬菜。

【绿色防控技术】

（1）农业防治　实行轮作，选种抗病品种，黄瓜如长春密刺、津杂1号、津杂2号、津研7号、西农58号、中农93号等品种均较抗病，西瓜如京欣1号、丰收2号、丰收3号、85-26、齐源P2、郑抗2号等品种较为抗病。从无病田、无病株上采种。用黑籽南瓜作砧木西瓜作接穗进行嫁接换根，栽植嫁接苗，对预防瓜类枯萎病具有良好效果。

（2）药剂防治　每1m^{2}用50%多菌灵可湿性粉剂8g处理畦田，进行土壤消毒。用50%多菌灵可湿性粉剂500倍液，浸泡种子1h，然后用清水冲洗干净催芽播种。

定植前用50%多菌灵可湿性粉剂每亩2kg，混入细干土30kg，混匀后均匀撒入定植穴内。

（二）白粉病

【为害对象】

主要为害黄瓜、南瓜、西葫芦、冬瓜等瓜类蔬菜。

【绿色防控技术】

（1）农业防治　选用抗病品种。黄瓜如津春3号、津优3号、中农13号、津优2号；南瓜如日本夷香南瓜、锦栗南瓜、橘红南瓜等；冬瓜如广优1号、灰斗、冠星2号、七星仔等；西葫芦如美玉、中葫3号、邯郸西葫芦等，甜瓜如尤甜1号、红肉网纹甜瓜、黄河蜜瓜、白雪公主等品种较为抗病。

（2）药剂防治　棚室可在定植前熏蒸消毒，用硫黄粉熏蒸的方法是100m^{3}用硫黄粉0.24kg，锯末0.45kg，盛于花盆内，分放几处，于傍晚密闭棚室，点燃锯末熏蒸一夜。熏蒸时，棚室内温度维持在20℃左右，效果较好。也可用45%百菌清烟剂每亩250g，分放4~5点，点燃后密闭一夜。发病初期可用50%甲基托布津可湿性粉剂800倍液和75%百菌清可湿性粉剂600倍液等喷雾防治。发病前，可用30%醚菌酯每亩27~35g、1%多抗霉素水剂每亩250~1 000g、1%蛇床子素水乳剂每亩150~200g、70%甲基硫菌灵水分散粒剂每亩40~51.4g、10%苯醚甲环唑水分散粒剂每亩50~83.3g、99%矿物油乳油200~300g，每隔7~10d喷一次，连喷2~3次，进行预防。

（三）霜霉病

【为害对象】

主要为害黄瓜、甜瓜、丝瓜、西瓜、苦瓜和冬瓜等作物。

【绿色防控技术】

（1）农业防治　选用抗病品种，黄瓜如津研2号、津研4号、津杂2号、津杂4号和津春2号等品种；丝瓜如驻丝瓜1号、广西1号、丰棱1号等品种；苦瓜如夏丰3号；甜瓜如黄河蜜瓜、红肉网纹甜瓜、白雪公主、随州大白甜瓜等品种，均为抗病、耐病品种。此外应加强药剂保护和改进田间栽培管理相结合的综合措施。

（2）药剂防治　霜霉病通过气流传播，发展迅速，易于流行。故应在发病初期尽早喷药才能收到良好防效。发病时可选用25%甲霜灵可湿性粉剂800~1 000倍液、75%百菌清可湿性粉剂600倍液、68%甲霜灵·锰锌可湿性粉剂400倍液。

四、豆类蔬菜主要病害

（一）豆锈病

【为害对象】

主要为害菜豆、豇豆、豌豆、扁豆和蚕豆等蔬菜。

【绿色防控技术】

（1）农业防治 种植抗病品种，菜豆如碧丰、江户川矮生菜豆、意大利矮生玉豆、甘芸1号、12号菜豆、大扁角菜豆等，豇豆如粤夏2号、桂林长豆角、铁丝青豆角等品种为抗病品种。春播宜早，必要时可采用育苗移栽避病。清洁田园，加强田间管理，采用配方施肥技术，适当密植。

（2）化学防治 发病初期可选择50%萎锈灵乳油800倍液、50%硫黄悬浮剂300倍液、25%敌力脱乳油3 000倍液、25%敌力脱乳油4 000倍液加15%三唑酮可湿性粉剂2 000倍液、15%三唑酮可湿性粉剂1 000~1 500倍液喷雾防治。

（二）豆炭疽病

【为害对象】

主要为害豆类、瓜类、辣椒、白菜、番茄等蔬菜。

【绿色防控技术】

（1）选用抗病品种 选用抗耐病品种，菜豆如早熟14号菜豆、吉早花架豆、芸丰623等品种为抗病品种，但由于炭疽菌的高度变异性，炭疽菌新小种不断出现，抗病品种的抗性很容易丧失，导致利用抗病品种存在一定的局限性。

（2）种子消毒 播种前用45℃的温水浸种10min，或用40%福尔马林200倍液浸种30min，捞出，清水洗净晾干待播。也可用种子质量0.3%左右的50%福美双可湿性粉剂拌种。

（3）药剂防治 发病初期开始喷药，可用50%甲基硫菌灵可湿性粉剂500倍液、80%福·福锌可湿性粉剂1 000倍液、25%咪鲜胺乳油1 000倍液、30%苯噻氰乳油1 000倍液、70%代森锰锌可湿性粉剂500倍液。

（三）豆病毒病

【为害对象】

主要为害豆科蔬菜及茄子、番茄、青椒等。

【绿色防控技术】

（1）农业防治　第一，选用抗病品种、进行种子检疫、播种前选种等措施，均可减少初侵染源，是防治病毒病最经济有效的方法。第二，苗期及时拔除田间病株，清除田边灌木、杂草也可减少初侵染来源。第三，调整播种期，使苗期避开蚜虫发生高峰期。

（2）阻断传播媒介　病毒病在田间主要通过迁飞的有翅蚜传播，且多是非持久性的传播，因此采取避蚜或驱蚜（使有翅蚜不着落于大豆田）措施比防蚜措施效果好。目前最有效的方法是苗期即用银灰膜覆盖土层，或银灰膜条间隔插在田间，有驱蚜避蚜作用，可在种子田使用。

（3）药剂防治　在发病前和发病初期开始喷药防治花叶病，每亩用 2%菌克毒克水剂 115～150g，对水 30kg 喷雾，做到均匀喷雾不漏喷，连续喷 2 次，间隔 7～10d；或每亩用 20%病毒 A 可湿性粉剂 60g，对水 30kg 均匀喷雾，连续喷 3 次，每次间隔 7～10d。另外，在 7—8 月还可以结合治蚜虫喷施防治病毒病的药剂。

五、葱蒜类蔬菜主要病害

（一）葱锈病

【为害对象】

可为害葱，还可为害韭菜、洋葱、大蒜等作物。

【绿色防控技术】

（1）选用优良品种　小米葱、马尾葱、五叶长白 501、五叶长白 502 等品种的抗病性较好。

（2）实行轮作换茬　可与小麦、玉米、豆科作物等，及茄果类、十字花科蔬菜轮作 3～5 年，可明显减轻病害发生。

（3）清除病残体　生长期和收获后应及时清除病叶，带出田外烧毁或深埋。

（4）培育无病壮苗　加强田间管理，选择生茬地作苗床，施足基肥，培育无病壮苗。大葱属喜肥蔬菜，每生产 1 000kg 大葱需纯氮 3kg、五氧化二磷 1.22kg、氧化钾 4kg。施肥应以有机肥为主，兼施磷、钾肥，追施氮肥，促进大葱生长，提高抗病能力。

（5）药剂防治　目前防治大葱锈病的药剂以三唑类杀菌剂为主。发病初期可喷洒 10% 苯醚甲环唑 2 500 倍液，或 12.5% 烯唑醇 2 000 倍液，或 43% 戊唑醇 5 000 倍液防治，隔 7～10d 喷一次，连喷 2～3 次，基本上可控制大葱锈病的发生。

（二）葱霜霉病

【为害对象】

主要为害大葱、洋葱、韭菜、大蒜等蔬菜。

【绿色防控技术】

（1）农业防治

①选择适宜地块。选择地势较高、土质疏松、排灌方便、通风良好的地块种植。

②选种抗病品种。可根据当地的种植习惯选择适合的抗病品种，如掖辐 1 号、中华巨葱、章丘巨葱、辽葱 1 号、长龙、长宝等品种。

③实行轮作倒茬。严禁重茬连作，一般在 2 年以内不能在同一地块种植大葱、洋葱等葱类蔬菜。可选择豆类、瓜类、茄果类或大田农作物等作前茬，实行 2～3 年轮作。

（2）化学防治　当大葱长至 15cm 左右时进行预防，选用 75% 百菌清可湿性粉剂 600 倍液、80% 代森锰锌 500～800 倍液全面喷雾进行保护；发病初期喷施 50% 多菌灵可湿性粉剂 800 倍液；发病后用 72.2% 普力克水剂、50% 甲霜铜可湿性粉剂 800 倍液交替使用，每隔 7～10d 喷 1 次，连续喷 3～4 次，可起到有效的治疗作用。

（三）葱紫斑病

【为害对象】

主要为害大葱，还可为害大蒜、韭菜、薤头（藠头）等蔬菜。

【绿色防控技术】

（1）农业防治

①选用抗病品种。可选用地球黄皮洋葱，如空知黄、北海道、桧熊等抗耐病品种。

②选用无病种子，留种田应在抽薹开花前或发病初期喷药保护，以培育无病种子。

③加强栽培管理，适时播种培育壮苗，通过加强苗期水分、温度以及施肥、除草、间苗等管理，增强植株抗性。

④实行轮作倒茬，在发病严重的地段应与非葱蒜类作物实行 3~4 年轮作。

⑤收获时清理病残体，带出田外深埋或烧毁。

（2）化学防治

田间发病初期和发病期施药：发病初期应先摘除田间已感病叶片或拔除重病株。一般在 2 月上旬应选用 75%百菌清可湿性粉剂、64%杀毒矾可湿性粉剂、70%代森锰锌可湿性粉剂、40%大富丹可湿性粉剂、58%甲霜·锰锌 500 倍液、50%扑海因可湿性粉剂 1 500 倍液、10%苯醚甲环唑水分散粒剂每亩 30~75g，隔 7~10d 喷一次，共喷 3~4 次。如有葱蓟马同时为害，可在上述农药中选择能与 2.5%溴氰菊酯乳油或 20%速灭杀丁乳油混用的药剂，以兼治葱蓟马。因病原菌极易产生抗药性，故应轮换用药。

六、根类蔬菜主要病害

（一）胡萝卜黑斑病

【为害对象】

主要为害胡萝卜等。

【绿色防控技术】

（1）农业防治　实行 2 年以上轮作。收获后彻底清洁田园，深翻土壤，压埋病残体。加强管理。高垄栽培，精细整地，避免早播，施足底肥，增施磷、钾肥，合理灌水，及时排水。

（2）化学防治　种子消毒。可用 50℃温水浸种 20min，然后放入冷水中降温。也可用种子重量 0.4%的福美双拌种。

（二）胡萝卜细菌性软腐病

【为害对象】

主要为害胡萝卜、马铃薯、芋、瓜类、茄果类、豆类、葱蒜类、白菜、萝卜、莴苣、芹菜等多种蔬菜。

【绿色防控技术】

（1）农业防治　选种适应性强、抗病、耐病的优良品种；实行高垄栽培，改善田间通风透光条件；合理轮作豆类、麦类作物，避免连作及种植其他寄主如白菜、萝卜等；加强田间管理，多施腐熟农家肥，控制化肥用量，中后期切忌大水漫灌，发现病植株及时挖除，并撒石灰或用石灰水淋灌病穴；清洁田园，在胡萝卜收获后及时清理烧毁病残体，耕翻暴晒土地，减少病菌数量，降低侵染几率。

（2）化学防治　72%农用链霉素（或新植霉素）可溶性粉剂4 000~5 000倍液、20%喹菌酮可湿性粉剂 1 000倍液、45%代森铵水剂 900~1 000倍液、50%琥胶肥酸铜可湿性粉剂 500 倍液、60%琥·乙膦铝可湿性粉剂 1 000 倍液、12%绿铜乳油 600 倍液、14%络氨铜水剂 300 倍液，选择以上药剂在发病初期交替使用，每 7~10d 喷一次，连续喷 2~3 次，注意喷叶基及叶柄处。

（三）萝卜病毒病

【为害对象】

主要为害十字花科、瓜类、豆类等蔬菜。

【绿色防控技术】

（1）农业防治　品种间有明显抗病性差异，一般青皮系统较抗病，应根据茬口和市场要求选用抗病品种。秋茬萝卜干旱年份。不宜早播；高畦直播，苗期多浇水，降低地温；适当晚定苗，选留无病株。与大田作物间套种，可明显减轻病害；苗期防治蚜虫和黄条跳甲。

（2）化学防治　发病初期喷洒20%病毒A可湿性粉剂500倍液，或1.5%植病灵乳剂1 000倍液，隔7～10d一次，连续防治2～3次。

第五节　蔬菜主要虫害生态防控

一、十字花科蔬菜主要虫害

（一）小菜蛾

【为害对象】

小菜蛾，属鳞翅目菜蛾科。

主要为害甘蓝、紫甘蓝、西蓝花、薹菜、芥菜、白菜、油菜、萝卜等十字花科植物。

【绿色防控技术】

（1）农业防治　合理布局，尽量避免与十字花科蔬菜连作，夏季停种过渡寄主作物，"拆桥断代"减轻为害。收获后及时清洁田园可减少虫源。

（2）物理防治　性诱剂诱杀——每个诱芯含人工合成性诱剂50μg，用铁丝穿吊在诱蛾水盆上方，盆中加入适量洗衣粉，每盆距离100m。还可用高压汞灯诱杀成虫。

（3）生物防治　可选用16 000IU/mg苏云金杆菌可湿性粉剂800～1 000倍液、0.3%印楝素乳油800～1 000倍液、2%苦参碱水剂2 500～3 000倍液喷雾防治。

（4）药剂防治　药剂防治必须掌握在幼虫二至三龄前。该虫极易产生抗药性，应该用不同作用机制的药剂交替使用。可供选择的药剂有：10%三氟甲吡醚乳油 1 500～2 000 倍液、2.5%阿维·氟铃脲乳油 2 000～3 000 倍液、5%氟啶脲乳油 1 500～2 000 倍液、5%多杀霉素悬浮剂 3 000～4 000 倍液、25%丁醚脲乳油 800～1 000 倍液、5%氯虫苯甲酰胺悬浮剂 2 000～3 000 倍液、2%甲维·印楝素 2 500～3 000 倍液、15%茚虫威乳油 3 000～3 500 倍液、24%氰氟虫腙悬浮剂 1 500～2 000 倍液、10%氟虫双酰胺悬浮剂每亩 20～25g 喷雾，7～10d 喷一次，共 2～3 次。

（二）菜青虫

【为害对象】

菜粉蝶，又称菜白蝶、白粉蝶，幼虫俗称菜青虫，属鳞翅目粉蝶科。

寄主植物有十字花科、菊科、旋花科、百合科、茄科、藜科、苋科等 9 科 35 种作物，主要为害十字花科蔬菜，尤以芥蓝、甘蓝、花椰菜等受害比较严重。

【绿色防控技术】

（1）农业防治　引诱成虫产卵，再集中杀灭幼虫；秋季收获后及时翻耕。十字花科蔬菜收获后，及时清除田间残株老叶，减少菜青虫繁殖场所并消灭部分蛹。

（2）生物防治　注意天敌的自然控制作用，保护广赤眼蜂、微红绒茧蜂、凤蝶金小蜂等天敌。此外，还可在菜青虫发生盛期用每克含活孢子数 100 亿以上的青虫菌粉剂 500～1 000 倍液、16 000IU/mg 菜青虫颗粒体病毒·苏可湿性粉剂 800～1 000倍液、16 000IU/mg 苏云金芽孢杆菌可湿性粉剂 1 000～1 500倍液、2%苦参碱水剂 2 500～3 000 倍液、0.5%藜芦碱可溶性液剂每亩 75～100g 喷雾防治，10～14d 喷一次，共喷 2～3 次。

（3）化学防治　一般卵盛期5~7d后，即孵化盛期为用药防治的关键时期。又因其发生不整齐，要连续用药2~3次。幼虫3龄以前施药具较好的防治效果，可选喷下列药剂：10%醚菊酯悬浮剂1 000~1 500倍液、25%灭幼脲悬浮剂2 500~3 000倍液、5%氟啶脲乳油1 000~1 500倍液、1.1%烟·棟·百部碱乳油700~1 000倍液、10%醚菊酯悬浮剂每亩30~40g喷雾防治，7~10d喷一次，共喷2~3次。

二、瓜类蔬菜主要虫害

（一）叶螨类

【为害对象】

为害瓜类蔬菜的叶螨类主要有朱砂叶螨和二斑叶螨，西瓜、甜瓜、黄瓜等多种瓜类均会受害。

【绿色防控技术】

（1）农业防治　种植后合理灌溉并适当施用磷肥，使植株健壮生长，提高抗螨害能力。果实收获时及时清理田间枯枝落叶，消灭虫源，清除杂草寄主。

（2）药剂防治　加强田间管理，及时进行检查，当点片发生时即进行挑治，用1.8%阿维菌素乳油按1∶1的比例混配后稀释1 000~2 000倍液喷雾；还可选5%氟虫脲（卡死克）乳油1 000~2 000倍液、73%炔螨特乳油2 000~2 500倍液、2.5%天王星乳油2 000倍液、20%四螨嗪悬浮剂2 000~2 500倍液等喷雾防治，7~10d喷一次，共2~3次，但要确保在采收前半个月使用。初期发现中心虫株时要重点防治，并需经常更换农药品种，以防抗性产生。

（二）瓜蚜（棉蚜）

【为害对象】

瓜蚜，属于半翅目蚜科。西瓜、甜瓜、黄瓜等多种瓜类均可受害。

【绿色防控技术】

（1）农业防治　种植时选用抗蚜品种，如黄瓜的碧玉 3 号等。种植后合理灌溉并适当施用磷肥，使植株健壮生长，提高其抗蚜能力。果实收获时及时清理田间枯枝落叶、消灭虫源、清除寄主杂草，以压低虫口基数。

（2）生物防治　天敌是抑制蚜虫的重要因素，瓜蚜的主要天敌有瓢虫、草蛉、食蚜蝇、食蚜瘿蚊、寄生蜂、捕食螨、蚜霉菌等，要加以保护利用。禁止大面积上滥用农药，以免杀伤杀死大量天敌，导致蚜虫严重发生。

（3）药剂防治　零星发生时，通过涂瓜蔓的方法，挑治"中心蚜株"；当瓜蚜普遍严重发生时，可用药剂喷雾防治。可选药剂主要有：5%鱼藤酮乳油 600~800 倍液、2.5%功夫乳油 4 000 倍液。

（三）瓜蓟马和烟蓟马

【为害对象】

瓜蓟马，又称棕榈蓟马、棕黄蓟马；烟蓟马，又称棉蓟马、葱蓟马，两者同属缨翅目蓟马科，均为害菠菜、枸杞、苋菜、节瓜、冬瓜、西瓜、茄子、番茄及豆类蔬菜等。

【绿色防控技术】

（1）农业措施　采用营养土育苗或穴盘育苗，栽培时清除田间杂草和上一茬蔬菜作物的残株，集中烧毁或深埋，可减少蓟马虫源。蓟马主要为害瓜果类、豆类和茄果类蔬菜，种植这些蔬菜最好能与白菜、包菜等蔬菜轮作，可使蓟马若虫找不到适宜寄主而死亡，减少田间虫口密度。

（2）生物措施　蓟马的天敌主要有小花蝽、猎蝽、捕食螨、寄生蜂等，可引进天敌来防治蓟马的发生为害。

（3）物理措施　利用蓟马趋蓝色、黄色的习性，在棚内设置蓝色、黄色黏板，诱杀成虫，黏板高度应与作物持平。蓟马若虫有落土化蛹习性，用地膜覆盖地面，可减少蛹的数量。

（4）化学措施　蓟马初发生期一般在作物定植以后到第 1 批花盛开这段时间内，此时可用 2.5% 菜喜悬浮剂 500 倍液＋5% 美除乳油 1 000 倍液进行喷雾防治，7~10d 喷一次，共 2~3 次，可减少后期的为害。

三、茄果类蔬菜主要虫害

（一）茶黄螨

【为害对象】

茶黄螨又名侧多食跗线螨，为害番茄、茄子、青椒、黄瓜、豇豆、菜豆、马铃薯等多种蔬菜。

【绿色防控技术】

（1）农业防治　清洁田园，铲除田边杂草，蔬菜收获后及时清除枯枝落叶，以减少越冬虫源。早春特别要注意拔除前科蔬菜田的龙葵、三叶草等杂草，以免越冬虫源转入蔬菜为害。

（2）生物防治　冲绳钝绥螨、畸螯螨对茶黄螨有明显的抑制作用，此外，蜘蛛、捕食性蓟马、蚂蚁等天敌也对茶黄螨具有一定的控制作用，应加以保护利用。

（3）药剂防治　药剂防治的关键是及早发现、及时防治。20% 三唑锡 2 000~25 000 倍液、15% 哒螨酮 3 000 倍液喷雾均可取得较好防效。需隔 10~14d 喷一次，连用 2~3 次。喷药的重点是植株的上部，尤其是嫩叶背面和嫩茎，对茄子和辣椒的药剂防治还应注意花器和幼果。

（二）番茄瘿螨

【为害对象】

番茄瘿螨又名番茄刺锈螨或刺皮瘿螨，属真螨目瘿螨科。番茄瘿螨是茄科蔬菜上近年发现的新害虫，主要为害番茄、辣椒、茄子、马铃薯等作物。

【绿色防控技术】

加强生活史研究，制定针对性栽培控制措施，减轻为害。药剂防治重点在于为害始期至始盛期的 6 月上旬至 7 月中旬，成虫初发期喷施 10%浏阳霉素酯乳油 1 000~1 500 倍液、20%丁硫克百威乳油 800 倍液、1%阿维菌素乳油 2 500 倍液、3.3%阿维·联苯菊酯乳油 1 000 倍液或 5%增效抗蚜威液剂 2 000倍液，在发生高峰期连续防治 3~4 次，每次间隔 5~7d。

四、豆科蔬菜主要虫害

豆荚螟

【为害对象】

豆荚螟属鳞翅目螟蛾科，为害大豆、豇豆、菜豆、扁豆、豌豆、绿豆和苹果等。

【绿色防控技术】

（1）农业防治

种植抗虫品种：抗豆荚螟品种主要体现在拒产卵，导致豆荚螟末龄幼虫体重下降、蛹期延长、羽化的雌成虫个体较小和生殖退化。豆荚螟在抗性差的豇豆品种上产卵量多，不同品种的花和荚上的幼虫数量存在显著差异，说明不同豇豆品种对豆荚螟的抗性有显著差异。

加强田间管理：结合施肥，浇水，铲除杂草，清除落花、落叶和落荚，以减少成虫的栖息地和残存的幼虫和蛹。收获后及时清地翻耕，并灌水以消灭土表层内的蛹。

（2）物理防治

灯光诱杀：由于成虫对黑光灯的趋性不如白炽灯强，灯下蛾峰不明显，建议从 5 月下旬至 10 月份于晚间 21：00—22：00在豇豆田间放置频振式杀虫灯或悬挂白炽灯诱杀成虫，灯位要稍高于豆架。

人工采摘被害花荚和捕捉幼虫：豆荚螟在田间的为害状明显，被害花、荚上常有蛀孔，且蛀孔外堆积有粪便。因此，结合采收摘除被害花、荚，集中销毁，切勿丢弃于田块附近，以免该虫再次返回田间为害。

使用防虫网：在保护地使用防虫网，对豆荚螟的防治效果明显，与常规区相比，防效可达到100%，有条件的地区可在豆荚螟的发生期全程使用防虫网，可大幅度提高豇豆的产量。

（3）生物防治

性信息素：利用雌蛾性腺粗提物进行虫情预测预报，根据性腺粗提物进行田间诱捕。

自然天敌的保护和利用：豆荚螟的天敌主要包括微小花蝽、屁步甲、黄喙蝽蟊、赤眼蜂、非洲姬蜂、安塞寄蝇、菜蛾盘绒茧蜂等寄生性天敌；蠼螋、猎蝽、草间钻头蛛、七星瓢虫、龟纹瓢虫、异色瓢虫、草蛉和蚂蚁等捕食性天敌；真菌、线虫等致病微生物。凹头小蜂是寄生蛹的优势种，同时，16 000IU/mg苏云金芽孢杆菌每亩100~150g制剂可以引起豆荚螟幼虫很高的死亡率。

（4）化学防治　20%甲氰菊酯乳油2 000倍液和1.8%阿维菌素乳油5 000倍液对豆荚螟具有较好的控制效果。此外，0.2%甲氨基阿维菌素苯甲酸盐乳油800倍液、2.0%阿维菌素乳油2 000倍液和0.5%虱螨脲乳油400~500g/亩对豆荚螟均有较好的防效。

五、葱蒜类蔬菜主要虫害

（一）葱蓟马

【为害对象】

葱蓟马属缨翅目蓟马科，主要为害大葱、大蒜、洋葱、韭菜等蔬菜。

【绿色防控技术】

（1）农业防治　收获后及时清理田间杂草和枯枝残叶，集中深埋或烧毁，可减少越冬虫量。实行轮作倒茬。加强肥水管理，使植株生长旺盛。发生数量较多时，可增加灌水次数或灌水量，消灭一部分虫体，提高田块小气候湿度，创造不利于葱蓟马发生的生态环境。

（2）物理防治　利用葱蓟马趋蓝光的习性，在洋葱行间插入或悬挂 30cm×40cm 蓝色粘虫板，粘虫板高出植株顶部，每 30m 挂 1 块。

（3）选用抗虫品种　选用红皮洋葱抗虫品种，如西葱 1 号或西葱 2 号。

（4）药剂防治　葱蓟马易产生抗药性，要多种农药交替使用，以降低其抗药性。可喷洒 21%增效氰·马乳油 6 000 倍液，10%菊·马乳油。

（二）潜叶蝇

【为害对象】

潜叶蝇（*Phytomyza horticola*）属双翅目潜蝇科，主要为害十字花科的油菜、大白菜、雪里蕻等，豆科的豌豆、蚕豆，菊科的茼蒿及伞形科的芹菜受害为最重，在河北、山东、河南及北京郊区等地主要为害豌豆、油菜、甘蓝、结球甘蓝和小白菜以及杂草中的苍耳等。

【绿色防控技术】

（1）农业防治　清洁田园，以消除越冬虫蛹，减少虫源基数。初春可重点控制一代虫源。豌豆、莴苣、大青菜为豌豆潜叶蝇一代的主要寄主，虫口密度最大，防治应以上述 3 种寄主为主要对象。在 3 种作物上同时防治一代，不仅可控制一代为害率，而且能明显减轻以后各代发生程度。该虫夏天喜在阴凉处的豆科等作物和杂草上化蛹越夏，如豇豆、菜豆、苦荬菜等，可人工摘除虫蛹，有针对性地清除杂草，减少越夏虫源。

（2）药剂防治

化学农药：在卵孵化高峰至幼虫潜食始盛期防治潜叶蝇，喷洒 2.5%溴氰菊酯乳油 30ml/亩、90%敌百虫晶体 200g/亩、1.8%阿维菌素乳油 3 000 倍液，10~15d 喷一次，喷 2~3 次，均有很好的防效，但应不断轮换使用或更新农药以防害虫产生抗性。以早晨露水干后 8：00—11：00 用药为宜，顺着植株从上往下喷，以防成虫逃跑，尤其要注意将药液喷到叶片背面。

生物农药：虽然生物制剂的药效稍缓于化学杀虫剂，但其持效期长于化学杀虫剂，且害虫不易产生抗药性，特别适用于对化学杀虫剂已产生抗性的害虫。用 0.3%~13%印楝素乳油 1 000倍液防治油菜潜叶蝇，药后 11d 的校正防效达 95.69%；用 1.8%阿维菌素乳油 2 000 倍液防治油菜潜叶蝇，药后 11d 的校正防效达 88.09%；用 0.6%银杏苦内酯水剂 1 000 倍液防治油菜潜叶蝇，药后 11d 的校正防效达 97.82%。

（3）自然天敌　潜叶蝇喜冷怕热，春季发生早（3 月开始发生），在植株下部取食产卵，而田间蚂蚁、寄生蜂（蝇茧蜂等）和瓢虫等开始在植株下部活动捕食，对该虫有较强控制作用。目前，以寄生蜂的研究较为深入，如普金姬小蜂、潜蝇姬小蜂、攀金姬小蜂、新姬小蜂对潜叶蝇有较强的跟随作用和控制效果。

主要参考文献

陈勇，徐文华，白爱红 . 2017. 无公害蔬菜栽培与病虫害防治新技术 ［M］. 北京：中国农业科学技术出版社 .

方庆，决超，史万民 . 2017. 无公害蔬菜栽培技术 ［M］. 北京：中国农业科学技术出版社 .

刘青华 . 2017. 无公害蔬菜生产新技术 ［M］. 北京：中国农业出版社 .

宋志伟，杨首乐 . 2017. 无公害露地蔬菜配方施肥 ［M］. 北京：化学工业出版社 .

宋志伟，杨首乐 . 2017. 无公害设施蔬菜配方施肥 ［M］. 北京：化学工业出版社 .